2018—2019年中国工业和信息化发展系列蓝皮书

2018—2019年
中国安全产业发展蓝皮书

中国电子信息产业发展研究院　编著

刘文强　主编

电子工業出版社
Publishing House of Electronics Industry
北京·BEIJING

内 容 简 介

本书分综合篇、行业篇、区域篇、园区篇、企业篇、政策篇、热点篇和展望篇八个部分，以数据、图表、案例、热点等多种形式，从不同的方面和角度，重点分析总结了2018年以来国内外安全产业的发展情况，对2018年我国安全产业发展中的动态与问题、重点行业（领域）、重点地区、典型企业进行了比较全面的分析，并对2019年我国安全产业发展的趋势和方向进行了展望。

本书可为政府部门、相关企业及从事相关政策制定、管理决策和咨询研究的人员提供参考，也可以供高等院校相关专业师生及对安全产业发展感兴趣的读者学习。

图书在版编目（CIP）数据

2018—2019年中国安全产业发展蓝皮书 / 中国电子信息产业发展研究院编著. —北京：电子工业出版社，2019.12
（2018—2019年中国工业和信息化发展系列蓝皮书）
ISBN 978-7-121-30580-1

Ⅰ. ①2… Ⅱ. ①中… Ⅲ. ①安全生产－研究报告－中国－2018-2019 Ⅳ. ①X93

中国版本图书馆 CIP 数据核字（2019）第 284862 号

责任编辑：许存权（QQ：76584717）　　　特约编辑：谢忠玉 等
印　　刷：天津画中画印刷有限公司
装　　订：天津画中画印刷有限公司
出版发行：电子工业出版社
　　　　　北京市海淀区万寿路 173 信箱　　邮编：100036
开　　本：720×1 000　1/16　印张：15.5　字数：320 千字　彩插：1
版　　次：2019 年 12 月第 1 版
印　　次：2019 年 12 月第 1 次印刷
定　　价：198.00 元

凡所购买电子工业出版社图书有缺损问题，请向购买书店调换。若书店售缺，请与本社发行部联系，联系及邮购电话：（010）88254888，88258888。

质量投诉请发邮件至 zlts@phei.com.cn，盗版侵权举报请发邮件至 dbqq@phei.com.cn。

本书咨询联系方式：（010）88254484，xucq@phei.com.cn。

前　言

　　2018 年，在深入学习贯彻习近平新时代中国特色社会主义思想和党的十九大精神的形势下，通过学习领会，对十九大精神的认识进一步深化。特别是对党的十九大报告中提出的"树立安全发展理念，弘扬生命至上、安全第一的思想，健全公共安全体系，完善安全生产责任制，坚决遏制重特大安全事故，提升防灾减灾救灾能力"有更深入的理解；更深刻理解了我国社会主要矛盾已经转化为人民日益增长的美好生活需要和不平衡不充分发展之间的矛盾。安全，作为人民追求美好生活的基本保障条件之一，理所当然成为人民安居乐业、社会安定有序、国家长治久安的基本条件。安全产业作为能够提高生产活动本质安全水平、减少消除生产安全隐患的战略性产业，加快进行我国安全产业布局对贯彻落实"习近平新时代中国特色社会主义思想"具有重要作用。随着落实党中央国务院《关于推进安全生产领域改革发展的意见》《关于推进城市安全发展的意见》《安全生产"十三五"规划》等工作的深入展开，安全产业发展面临良好的发展环境。

　　我国经济社会发展迅速，也带动了安全产业快速发展。我国安全产业的保障重点正在由生产安全向公共安全转化，防范方式也正在从被动防护向主动预防转变。2018 年 6 月 29 日，为落实中共中央、国务院《关于推进安全生产领域改革发展的意见》，工信部、应急管理部、财政部、科技部联合发布了《关于加快安全产业发展的指导意见》（以下简称《指导意见》）。这是自 2012 年 8 月的《关于促进安全产业发展的指导意见》出台以来，又一专门针对安全产业发展的文件，对于进一步推进安全产业发展，提升国家经济社会安全保障水平具有重要意义。《指导意见》提出了安全产业发展的总体要求、重点任务、营造有利发展环境等内容，并着重提出面向生产安全和城市公共安全的保障需求，制定目录、清单，优化产品结构，加快研制风险监测预警产品、安全防护防控产品、应急处置救援产品，积极培育安全服务新业态的要求。

应急管理部的成立，国家应急和安全管理体制的变化，安全保障和安全监管体制机制的发展，带动了安全产业的快速发展，对依靠先进技术、产品和服务，为安全生产、防灾减灾、应急救援等安全保障活动提供更多更可靠的保障提出了更高要求。

一

2018 年应急管理部成立，是我国应急管理综合能力建设的第一年。2018 年，全国安全生产形势保持了持续稳定好转的态势，全国发生死亡 10 人以上的重特大事故 19 起，相比 2005 年的 134 起下降幅度达到 86%；自新中国成立以来首次全年未发生死亡 30 人以上的特大事故，全年安全生产事故总量、较大事故、重特大事故同比实现"三个下降"；2018 年全国自然灾害因灾死亡失踪人口、倒塌房屋数量和直接经济损失同比近 5 年来平均值分别下降 60%、78%和 34%，有效维护了人民群众的生命财产安全和社会稳定。然而，目前我国的安全生产还处在脆弱期、爬坡期和过坎期，事故还处于易发多发阶段，应始终绷紧安全生产这根弦，下更大力气来排除隐患，化解风险。主要因为人们的安全发展理念不牢固，重发展数量、轻发展质量，造成企业在经济发展的过程中安全的底线、红线意识还不牢固；风险隐患点多面广的问题依然突出，安全基础不牢的局面没有根本改变；企业安全生产的主体责任落实不到位，安全投入不足，安全设施不够；部分地方政府和部门监管不到位，需要不断改进。

统筹发展与安全，大力发展先进的安全专用技术、产品和服务，满足安全生产、防灾减灾、应急救援等保障的需要，保障安全发展。在先进安全产品有效供给能力显著提高，全社会本质安全水平显著提升的基础上，加快发展安全产业，大力推动先进安全技术和产品的研发及推广应用，强化源头治理、消除安全隐患，打造新经济增长点，使安全产业成为国民经济新的增长极。

二

2018 年，我国安全产业发展掀起了一个新高潮。在 2018 年 6 月四部委联合发布《指导意见》后，工信部和应急管理部又联合出台了《国家安全产业示范园区创建指南（试行）》（以下简称《指南》）。《指南》是在总结国家安全产业示范园区创建经验的基础上，根据我国安全产业发展的新情况和新问题，从规范和促进安全示范园区建设的目的而提出的，《指南》对国家安全产业示范园区的申报条件和评价指标，申报、评审和命名，以及示范园区和创建单位管理等内容进行了明确规定，将对指导我国安全产业示范园区发展起到非常重要的促进作用。

2018 年 11 月 14—16 日，首届中国安全产业大会在广东省佛山市召开。在大会举办期间，来自国内外的 2500 多名安全行业专家、我国安全行业龙头企业的代表齐聚佛山，全面展示了我国安全产业发展取得的成绩、前沿产品、发展趋势。工信部副部长罗文、应急管理部总工程师吴鑫、广东省副省长陈良贤等出席开幕式并致辞。会上，工信部、应急管理部与广东省政府共同签署了《共同推进安全产业发展战略合作协议》，这是继 2018 年 1 月工业和信息化部、原国家安监总局和江苏省政府在北京联合签署《关于推进安全产业加快发展的共建合作协议》后，又一个省部合作推进安全产业发展的重要举措。大会由开幕论坛、公共安全科学技术学术年会、安全发展型城市与安全产业发展高端论坛、安全出行主题论坛、中国爆破器材行业协会会员代表大会五大板块构成，构建了一个产业技术展示和思想交流的广阔平台。在开幕式上，粤港澳大湾区（南海）智能安全产业园被授予国家安全产业示范园区创建单位，成为继江苏省徐州安全科技产业园、辽宁省营口市中国北方安全（应急）智能装备产业园、安徽省合肥高新技术产业开发区、山东省济宁高新区安全产业园后，第 5 个国家级安全产业示范园区创建单位；发布"5+N"计划。

2019 年，安全产业发展面临一个有利的时机。随着《指导意见》逐步落实，我国安全产业发展将进入一个新阶段。在"5+N"计划指导下，逐步健全如下五大体系。一是技术创新支撑体系，建设一批高水平科技创新基地，攻克一批前沿产业的共性技术，加强安全技术成果转移转化。二是产业标准体系，建立完善的产业相关标准体系，制修订一批关键急需的技术和产品标准，制修订重点领域安全生产标准。三是投融资服务体系，探索建立政策引导、市场化运作的投资服务体系，推动企业利用多层次资本市场进行融资，积极发展安全装备融资租赁服务。四是产业链协作体系，建设安全产业大数据平台，开展国家安全产业示范园区创建，建设安全产业公共服务平台。五是政策体系，完善产业财税支持政策，探索安全产业与保险业合作机制。同时，在重点行业（领域）组织实施 N 项示范工程建设，培育市场需求，壮大产业规模。在《指南》的引导下，我国安全产业园区建设将全面展开。目前已有陕西、江苏、吉林、湖南、广东等地的产业园区正在积极准备申报国家安全产业示范园区，各具特色的园区将为"5+N"计划建立可靠的推广应用基地，引领全国安全产业集聚发展，创建安全产业发展的新高地。

三

在新形势下，安全产业需要抓住新的机遇，迎接新的挑战。安全产业不仅是安全发展的重要保障力量，而且是培育新经济增长点的有力抓手，需要不断发挥战略性产业的作用。赛迪研究院安全产业研究所（原工业安全生产研究所）是我国安全产业研究工作的重要力量，在工信部和应急管理部有关司局的支持下，在中国安全产业协会的协助下，全所研究人员认真梳理国内外安全产业的形势与动态，紧紧围绕我国安全发展的新需要，通过我们的不断努力，期望能够为我国安全产业的发展出谋划策。本次编撰的《2018—2019 年中国安全产业发展蓝皮书》，是自 2013 年以来第五次撰写的安全产业发展年度蓝皮书。全书分综合篇、行业篇、区域篇、园区篇、企业篇、政策篇、热点篇和展望篇八个部分，以数据、图表、案例、热点等多种形式，从不同的方面和角度，重点分析总结了 2018 年以来国内外安全产业的发展情况，对 2018 年我国安全产业发展中的动态与问题、重点行业（领域）、重点地区、典型企业进行了比较全面的分析，并对 2019 年我国安全产业发展的趋势和方向进行了展望。

综合篇，整理全球安全产业的发展现状并进行了分析研究，将 2018 年我国安全产业发展的状况进行了分析总结，首次在蓝皮书中给出了我国安全产业规模数据，指出了我国安全产业发展存在的问题，并提出了相应的对策建议。

行业篇，对安全产业重点领域中的道路运输安全、建筑安全、危化品安全、矿山安全、基础设施安全、城市安全和安全服务等，从发展情况、发展特点两个方面进行了较详细的分析研究。

区域篇，分东部地区、中部地区和西部地区，对这些区域的安全产业发展，从整体情况、发展特点两大方面进行了研究，并选取了各区域中发展较好的重点省市进行了较详细的介绍。

园区篇，对徐州、营口、合肥、济宁和南海五个国家安全产业示范园区（创建单位）的基本情况进行了研究，从园区概况、园区特色及存在问题三个方面进行了比较细致的分析研究。

企业篇，以上市企业和中国安全产业协会的理事单位为主，按大中小企业类型，选择了在国内安全产业发展较有特点的十家企业单位，对各企业的基本情况、主要业务等相关内容进行了介绍。

政策篇，在政策环境研究方面，选取了《关于推进城市安全发展的意见》（中办发〔2018〕1号）等文件，对2018年度指导和推动我国安全产业发展较有作用的政策进行了专题解析。

热点篇，结合我国经济社会安全发展中的热点事件，选取了应急管理部成立、中国安全产业大会等重大事件作为热点话题，分别进行了回顾和分析。

展望篇，对国内关注安全产业发展主要机构的研究和预测观点进行了整理，从总体和发展亮点两个方面，对2019年中国安全产业发展进行了展望。

赛迪智库安全产业研究所作为我国首家专业研究安全产业发展的咨询机构，持续研究国内外安全产业的发展动态与趋势，积极发挥好对国家政府机关的支撑作用，以及对安全产业集聚区、安全产业企事业单位、金融投资机构及安全产业社会团体的服务功能。希望通过我们的研究，对推动我国经济社会安全发展，加快我国安全产业发展，促进我国应急和安全保障能力提升，做出我们应有的贡献。

赛迪智库安全产业研究所

目　　录

┃综 合 篇┃

｜行　业　篇｜

| 区 域 篇 |

| 园 区 篇 |

| 企 业 篇 |

| 政 策 篇 |

| 热 点 篇 |

| 展 望 篇 |

综 合 篇

第一章

2018 年全球安全产业发展状况

　　2018 年国际形势风云变幻。世界经济变革遇到重要拐点，虽然还在持续温和增长，但各种不稳定不确定因素，如贸易战、保护主义抬头、英国脱欧、国际经济规则调整加快、WTO 改革等促使了世界经济整体格局的调整，最终导致增长动能有所放缓、分化明显、经济下行风险上升。一方面，目前全球产业变革和新一轮科技革命还没有取得新的突破，美国等主要发达经济体的经济增速（2.9%）已经达到了潜在增长率，难以为继，同时实行贸易保护主义和高标准化规则的政策措施，对国际贸易和跨境经济造成了影响。另一方面，欧美通胀压力加大，尤其是美国，2018 年 6 月美联储将今年美国私人消费支出通胀率的预测值上调至 2.1%，超过 2%的目标通胀率。2018 年 6 月以来，欧元区调和消费者价格指数同比涨幅攀升至 2%以上，10 月达到 2.2%的高点，通胀压力明显增加。通货膨胀的加剧，更对经济发展产生了重大影响。此外，国际安全形势严峻，局部冲突加剧，恐怖袭击、安全事故、自然灾害、网络威胁等事件频发，严重威胁了全人类的安全。而安全产业在 2018 年动荡的国际局势中，又得到了快速发展。安全产业对外输出安全产品或服务，逐渐成为企业的利润增长点，取得了经济效益，同时又有效地保障了地区和个人的安全，这种既有经济价值又有社会价值的产业逐渐得到了社会的广泛认可，2018 年安全产业的发展进入了新时期，并呈现出旺盛的生命力。

第一节　概述

　　安全产业的概念受国家工业安全生产水平和公共安全管理需求影响较大，国际上，安全产业的概念和范围划分并不统一，各个国家和地区由于自身的基本国情、经济发展水平及人文环境不同，对于自身安全产业的具体定义和范围划分有独特的理解,安全产业的定义与其所处的地域安全形势与国家经济地位密不可分。

发达国家安全产业的概念范围通常比发展中国家的更大,发达国家的工业发展早已渡过了原始资本积累时期,工业安全生产装备、安全生产整体配套系统和机制体制已经完善,故而更加关注国土安全、防灾减灾、劳动健康保障、公共安全等领域的装备、产品和技术。而发展中国家安全产业的主要内容集中在工业生产安全和职业健康保障方面,随着社会经济的稳定发展,逐渐向公共安全、救灾减灾等重要支撑领域发展,并以其强有力的支撑保障作用,使得各发展中国家对其重视程度不断提高。

美国是一个各类风险事故及灾难多发的国家,所以对危机感和风险防范的意识较强,凭借着先进的科学技术、有效的安全管理机制、科学的防控体系,形成了独特的安全产业体系。近年来,恐怖袭击、枪击事件、自然灾害、金融犯罪、网络威胁、暴力冲突等问题日益凸显,也推动了美国安全产业发展方向的不断细化。目前,美国的安全产业主要包括国土安全、公共安全、基础设施维护、应急救援、安全保障服务等。

欧盟是现代工业兴起之地,同时也是各种冲突和安全问题集中地区,如恐怖主义、工伤事故、社会不稳定因素、国家和非国家行为体的混合威胁及其他威胁和挑战。近年来,欧盟实施了全球战略,在安全和国防方面加大了合作力度,采取了一系列措施加强安全防护。鉴于此,欧盟安全产业主要涉及工业安全、社会安全、职业健康防护等。此外,各成员国由于本国国情不同,对安全产业也有所侧重,如德国更侧重于工业安全和社会安全,尤其是在工业4.0战略实施后,更是将数据安全列为未来安全产业发展的重点,并将信息技术与制造业紧密结合,注重打造智能化安全操作系统,以减少人对设备的直接操作;英国提出的"安全产业"(Safety Industry)主要侧重于职业健康防护(Occupational Safety)以及自然灾害的预防和救援,专门针对各种人为或者自然灾害提供技术及装备解决方案,近年来安全产业正逐渐成为新的经济增长点。

日本地域狭小,自然灾害频发,工业事故及突发事件时有发生。日本的安全产业主要面向防灾减灾领域以及相关产业,如提供针对发生于国家范围内的各种自然灾害的技术、装备以及应急防护,还包括生产安全、个人防护装备及劳保保健、社会安全及安防、与公共安全有关的环保医疗活动、安全组织与服务等。

在我国,《关于促进安全产业发展的指导意见》(工信部联安〔2012〕388号)中明确提出了"安全产业"的概念,即"安全产业是为安全生产、防灾减灾、应急救援等安全保障活动提供专用技术、产品和服务的产业"，以满足安全需求为根本目的，内容具有专用性、公共性和储备性，其下的很多细分产业早已存在，如个体防护、矿山安全、交通安全、消防安全、建筑安全、城市公共安全、应急救援与安全服务等分支产业。以 2018 年出台的《关于加快安全产业发展的指导意见》（工信部联安全〔2018〕111 号）文件要求来看，未来我国安全产业以生产安全、综合安全、城市公共安全为主要发展方向。

第二节　发展情况

一、总体规模不断扩大

由于安全产业是一个复合的、交叉性很强的产业，各国对其定义和分类范围也各不相同，这就导致了无法将安全产业作为一个整体对其规模进行核算。目前，各大咨询机构将安全产业中的各个细分行业进行分析，如工业安全、公共安全、安全服务、应急救援等。在著名咨询机构 Homeland Security Research Corporation（HSRC）的安全产业规模报告中，将安全产业定位为公共安全和国土安全。同时指出，在 2015 年全球安全产业销售收入和服务收入总计 4160 亿美元，预计 2020 年达到 5460 亿美元。另根据联合国有关报告显示，自然灾害预防和应急装备市场规模在过去十年增长了 13%，在 2022 年将达到 1500 亿美元。我国前瞻产业研究院统计数据表明，2011—2017 年，全球安防行业总收入不断增长，2018 年达到了 2758 亿美元，预计未来五年将持续增长，但增速有所放缓，会保持在复合增长率 7.6%左右，到 2022 年全球安防行业市场规模达到 3526 亿美元，亚洲、东欧等地市场的增长将最为强劲（见图 1-1）。

国际知名咨询机构弗里多尼亚集团公司（The Freedonia Group）对全球安全服务市场进行了预测，并在 2018 年 10 月发布了 Global Security Services 报告，并指出全球安全产业今后将以年增长率 5.8%的速度增长，2022 年将达到 2690 亿美元的规模。市场成长的主要原因是中国、印度等发展中国家的市场迅速扩大及中产阶级的崛起，当地的公共安全缺乏适当性、可靠性，经济上的不平等。还有发达国家技术性复杂的电子安全设备普及的同时，监视服务和特殊安全、集成/咨询服务等附加价值对扩大产业收益有所贡献。

二、发展安全产业积极性高

安全产业是具有重要保障作用的战略产业，是各国安全发展、提升社会本质安全水平的重要支撑。当前国防安全、公共安全、工业安全等各安全领域发展迅猛，全球对具有保障各领域安全发展的产品及服务需求迫切。

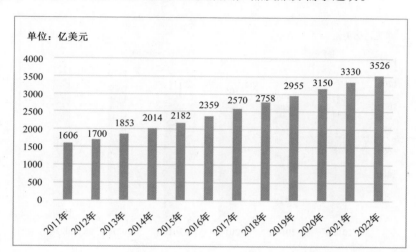

图 1-1　2011—2022 年全球安防行业总收入变化及市场规模预测

（数据来源：前瞻产业研究院）

美国各类安全问题时有发生。自"9·11"事件以来，普通民众和政府的安全防护意识空前高涨，每年在安全方面的投入数额庞大，已经成为安全产业发展的强劲动力，更催生了广阔的安全产业市场，同时其安全产业开始进入了相对稳定的发展阶段。据咨询机构 Market Line 披露的数据显示，美国安全产业市场约占全球的 1/3，2018 年营业收入达到 996 亿美元，促进增长的主要推动力来自各方面持续的安全威胁。总体来看，美国安全产业未来将持续保持增长态势，但 2019—2022 年年均复合增长率将维持在 6%左右，增速趋缓。2022 年，美国安全产业收入预计约 1222 亿美元（见图 1-2）。

2012 年 7 月，欧盟委员会发布了欧盟安全产业政策，即《安全产业政策：具有创新性和竞争力的安全产业的行动计划》，并借鉴了以往欧盟安全产业研究及美国国家安全局研究的范围，从多视角来界定安全产业，具体内容包括：航空安全、海域安全、领土安全、主要基础设施保护、情报机构、人身安全防护、防护服装等。同时，据其统计数据表明，北美（主要指美国）的安全产业市场占全球市场份额的 40%，位列全球市场份额的第一位；欧洲市场份额占25% ~ 35%，位列第二位；亚洲和中东地区安全产业市场份额近几年提升很快，相信很快就会与欧洲持平甚至超越。为了提升欧盟安全产业的竞争力，欧盟提出了在某些优先技术领域将推出认证/合格评估程序、建立预先商用采购方案等措施，这不仅有利于打开各成员国的安全市场、提升安全行业企业的竞争力，也将大大降低产品商业开发成本，拓宽终端用户的选择范围。

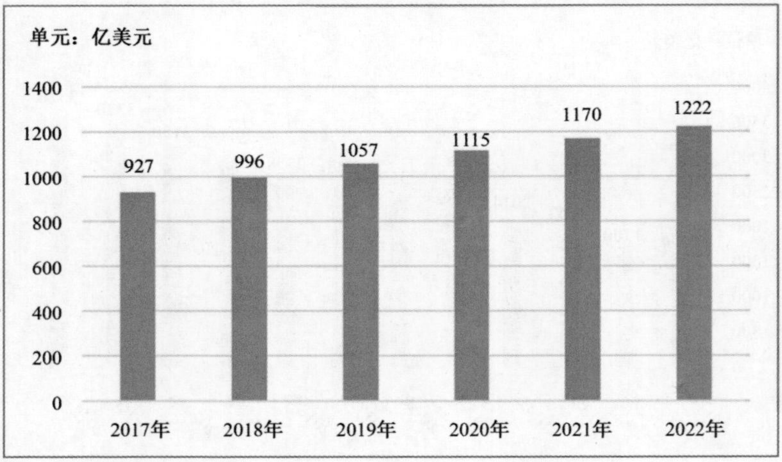

图 1-2　2017—2022 年美国安全产业市场规模及预测

（数据来源：Market Line）

三、安全产业市场环境良好

安全产业是一个特殊产业，它缓解安全问题、降低事故发生概率，部分地区和企业从 20 世纪初就开始布局安全产品和技术研发，以高新技术为支撑，坚持"高技术、高起点、高市场覆盖率"发展方向，走集约化经营的道路。同时，对外输出安全产品或服务，逐渐成为企业的利润增长点，既保障了安全，又取得了经济效益。这种经济价值和社会价值双丰收的产业逐渐得到了社会的广泛认可，其市场呈现出旺盛的生命力。

欧美等发达国家对工作场所个人安全防护产品的防护性能要求很高，强制企业使用标准的防护产品，确保了个体防护产品稳定的市场需求量；建筑施工、公共安全、应急救援等领域存在这较大安全风险，对安全防护产品需求量大，政府、企业及个人行为的大量采购为安全产业市场提供了稳定的客户群，市场基础良好；安全产品及服务向上下游全产业链实现了延伸，这种延伸形成了庞大的潜在市场，包括先进安全材料（高强度聚乙烯纤维、芳纶纤维及芳纶耐高温绝缘新材料）、非服用内饰纺织品（建筑防火保温层、安全气囊）、个人消费品（运动服装、户外服装）等。

发展中国家也逐渐加强了对安全产业的关注。国家及地方层面的立法和政策措施日益完善，企业被强制要求遵守相关法规。此外，公民自我保护意识的提升、政府对安全防护的宣传等都提高了发展中国家的民众对工作场所和个体防护的关注度，进一步促进了安全产业市场需求量的增加。与此同时，发展中国家经济持续增长，在内需不断扩大和发达国家制造业转移之际，拉动了建筑、工程、机械等工业领域的发展，导致工伤事故的风险叠加，每年因生产安全问题造成的非正常死亡人数非常多，医疗、补偿、工效损失等在内的工伤成本不断上升，大大提高了安全产业市场的需求量。

第三节 发展特点

一、寡头企业资源整合力度大

随着安全产业企业重组、兼并和联合发展势头的兴起，技术、品牌和资本的整合成为趋势，企业间的合作已由产品、渠道等扩展到了资本、品牌层次，行业的集中度加速提高，市场份额进一步向主流制造商集中。部分寡头企业，如 3M、梅思安、霍尼韦尔、优唯斯、德尔格等全球著名的个体防护装备制造商，不断顺应全球市场需求，转移战略重点，提前布局，为进一步占领安全产业市场而加速整合。

3M 公司在 2018 年完成了投资组合，提高了客户之间的关联性，为公司全球化业务模式提供保障，并将集团的子公司从 40 家调整为 24 家，同时进行战略收购和剥离。该公司还将重点关注汽车电气化、空气质量和人身安全等领域的投资。霍尼韦尔在 2018 年将年收入规模 30 亿美元的交通系统业务，以及年收入规模 45 亿美元的家居与 ADI 全球分销业务从集团中拆分出来，使之成为两家独立的上市公司。同时，其涡轮增压系统业务也正式从集团剥离，加上之前剥离的汽车传感器、汽车消费品和刹车片三个业务，意味着霍尼韦尔将退出汽车零部件行业。随后，霍尼韦尔将会把主要精力集中在发展航空和材料等高利润业务上。

二、市场重心继续向亚太地区转移

过去，在个体防护产品、预警监控系统、电子芯片等产品上，厂商可选择霍尼韦尔、博世、安霸等产品供应商。欧美等发达国家的安全产品因为性能和科技优势，在安全产业市场上长期占据主导地位，在一定程度上了制约了中国等发展中国家安全产业的发展。如今，随着新时期安全需求的不断变化，各细分领域也不再局限于传统格局，发展中国家的安全产业企业凭借技术人才丰富、人工成本较低的优势抢占了大量市场，而欧美等发达国家的巨头企业也纷纷将制造中心转移到以中国为主的亚太地区，选择与具备较强研发实力和定制能力的制造商合作，进行产品深度定制，获取有竞争力的产品和解决方案。

从地区安全产业集聚发展情况来看，我国江苏如东地区就是典型的安全产品向亚太地区转移后的成功案例。如东县安全产业现有企业已有 200 多家，已初步形成了上下游配套，种类比较齐全的产业链，特别是如东经济开发区，集聚了全县绝大多数的个体防护产品生产企业，成为全球知名的安防用品生产基地，年销售收入超过 150 亿元，已经形成了若干条产业链：一是以锵尼玛、九九久科技等为代表的高强高膜聚乙烯纤维制造业逐步向高端迈进；二是以强生、恒辉为代表的劳保用品制造业蓬勃发展；三是以盾王集团为代表的防护鞋已迈向军品市场。这些产业链实现了资源的高效利用，降低了企业的成本，丰富了整个产品链及产业链，提升了产业层次，提高了亚太地区安全产业的整体竞争力。

从企业培育情况来看，在安全产业市场重心向亚太转移后，亚太本土企业展现了强大的后发优势。例如，我国在安防领域发展起来的两大巨头企业，分别是海康威视和大华股份。海康威视和大华股份年收入均超过百亿元，且增速靠前，海康威视 2014—2016 年收入增长 60%、47%、26%，大华股份 2014—2016 年收入增长 35%、37%、32%，逐渐巩固了其行业龙头地位。行业巨头霍尼韦尔和亚萨合莱近 10 年的业绩增速未超过 20%，近几年的业绩增速回归 5% 以下水平，而我国几大安防公司：海康威视、大华股份、东方网力、英飞拓等近 10 年的平均增速在 50% 左右，最近几年增速虽有下降，但仍保持在 40% 左右的高速增长水平，表明亚太地区的安防市场正处于飞速发展过程。

三、产业应用不断向深度、广度拓展

随着社会的发展和安全领域新需求的扩展，各国安全产业的应用已不局限于工业安全、公共安全、国土安全、防灾减灾、劳动健康保障等领域，在一些新型的应用领域，如教育、医疗卫生、网络、金融、能源等增长较快，民用领域如智能楼宇、智能社区、智慧城市的应用开始备受关注。各国对重点行业基础设施的建设及改造加速推进，带动了安全产品的进一步应用和市场需求的提升。

网络安全产业是安全产业应用领域不断拓展的典型产业。近几年，数字化经营、管理及服务逐渐深入人心，而网络威胁、数据泄露、勒索病毒等问题频发，严重威胁着网络安全，促使全社会对信息安全产品和服务的需求持续增长，信息安全产业市场规模也不断提升。根据 Gartner 的数据显示，2017 年全球网络安全产业规模约 900 亿美元，其中北美地区约 343 亿美元、西欧地区约 230 亿美元、亚太地区约 188 亿美元、其他地区约 130 亿美元（见图 1-3）。Gartner 预测，2019 年网络安全产业市场规模预计增长至 1558 亿美元，硬件、软件、安全服务三大市场规模将会全面提升。

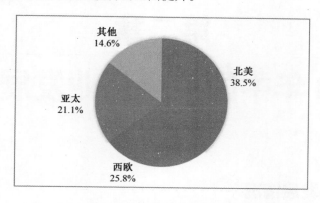

图 1-3　2017 年全球网络安全产业区域分布

第二章

2018 年中国安全产业发展状况

第一节 发展情况

一、产业规模不断扩大

安全产业是为安全生产、防灾减灾、应急救援等安全保障活动提供专用技术、产品和服务的产业。安全产业的出现是经济社会发展到一定阶段的产物，与我国安全生产事业的发展、保障公共安全的迫切需求和工业转型升级相适应。2018 年，我国安全产业已经初具规模，全年安全产业总产值 8898 亿元，较 2017 年增长约 15%。此外，我国从事安全产品生产的企业已超过 4000 家，其中，制造业生产企业占比约为 60%，服务类企业约占 40%。从区域来看，东部沿海地区安全产业规模相对较大，不少优秀企业快速崛起，竞争力强，引领区域安全产业快速发展。

二、产业发展的政策环境进一步完善

2018 年是安全产业发展的新纪元年。2018 年年初，中共中央办公厅、国务院办公厅印发了《关于推进城市安全发展的指导意见》，明确提出"引导企业集聚发展安全产业，改造提升传统产业安全技术装备水平"的重点任务要求。2018 年 6 月，为落实中共中央、国务院《关于推进安全生产领域改革发展的意见》，工信部、应急管理部、财政部、科技部联合发布了《关于加快安全产业发展的指导意见》。这是自 2012 年 8 月《关于促进安全发展发展指导意见》出台以来，又一专门针对安全产业发展的文件，对进一步推进安全产业发展，提升国家经济社会安全保障水平具有重要意义。同年 10 月，工信部和应急管理

部联合出台了《国家安全产业示范园区创建指南（试行）》，成为又一个推动安全产业发展的标志性文件，安全产业发展迎来崭新的发展环境。在制造强国、网络强国建设两个战略性任务的指引下，以互联网、大数据、人工智能与实体经济深度融合为依托，安全产业将开启创新发展的新征程。

三、安全产业集聚发展加力

2018年10月，工信部、应急管理部联合发布了《国家安全产业示范园区创建指南（试行）》（以下简称《创建指南》），这是我国首次专门针对安全产业园区发展的文件。重点是支持有基础、有潜力、示范效应明显的地区申报国家安全产业示范园区。《创建指南》是在总结已有创建经验的基础上，从产业规划、产业实力、产业集聚、组织体系、安全服务、公共服务、安全管理、发展环境等方面对申报国家安全产业示范园区（含创建）的基本条件进行了规定。此外，还特别强调了一票否决项，即"近三年发生较大及以上生产安全事故"，这既是对前期安全产业示范园区创建工作的总结，也是进一步规范安全产业园区和基地发展的需要，对于进一步推进安全产业集聚发展具有重要意义。

同年11月，粤港澳大湾区（南海）智能安全产业园已通过国家安全产业示范园区创建单位评审。据统计，截至2017年年底，南海区安全产业规模已超过175亿元，约占全区工业总产值的2.5%，预计在2025年实现产值600亿元。园区将按照确定的产业发展方向和任务要求，进一步优化发展规划、凝练发展方向、突出园区特色、强化试点示范，引领华南地区安全产业发展，为粤港澳大湾区建设提供安全保障。此外，陕西、新疆等地区纷纷制定安全产业发展的规划，安全产业由东部向西部拓展，在全国多地落地开花，未来也将呈现出更广泛、更规范的发展局面。

四、部省协同合作共同推动安全产业高质量发展

部省合作是促进资源整合、发挥区域优势、推动产业发展的重要途径。2018年1月，工信部与原国家安监总局、江苏省人民政府签署《关于推进安全产业加快发展的共建合作协议》。合作协议签署后，江苏省，特别是徐州市建设"中国安全谷"的工作得到了两部一省相关部门的大力支持，徐州市也出台了促进安全产业发展的22条具体措施。

同年11月，工信部与应急管理部、广东省人民政府签署《共同推进安全产业发展战略合作协议》。根据协议内容，三方将依托广东省安全产业的良好基础，

以强基础、重质量、促转型、树品牌为主线，加强在科技创新、产业集聚、政策环境、品牌培育、合作交流等方面的合作，建立完善的安全产业创新体系和生态体系，为经济高质量发展培育新动能，为粤港澳大湾区建设提供安全保障。未来，随着部省合作日渐深入，相关项目建设进一步推进，将推动我国安全产业迈向高质量发展，加快释放安全产业保障地区、服务全国的保障支撑作用。

五、安全产业宣传推广工作掀起新高潮

2018 年是安全产业影响力提升的新纪元年。11 月 14—16 日，首届中国安全产业大会在广东省佛山市南海区成功举办，2500 多位政府、国内顶尖的安全行业专家、中国安全行业龙头企业代表齐聚南海，会上展示安全产业前沿科技产品，解读安全产业新趋势。此外，大会还举办了为期三天的中国安全产业技术及产品推介会，开设了城市公共安全、制造业安全、汽车安全技术及产品三大专题展示区。360、海康威视、辰安科技、徐工集团、中国兵器等 300 多家企业全方位展示了安全理念和产品，以及未来安全产业发展愿景。

此次大会对安全生产、防灾减灾、应急救援领域的先进技术、产品、装备和优质服务进行全面展示，展现示范园区创建取得的主要成绩，突出科技成果转化、示范推广应用和产融合作等方面取得的重大成效，系统总结、梳理安全产业国家公共安全专项实施三年来的成功经验，体现安全产业对提升各领域安全基础保障能力的重要作用，推进产研对接、产融对接、产需对接，促进安全产业创新发展和集聚发展。

第二节　存在问题

一、安全产业发展顶层规划仍需完善

安全产业以满足安全需求为根本目的，是国家重点支持的战略产业，也是需要大力扶持并且前途无量的新兴产业。2018 年，我国相继出台了《关于加快安全产业发展的指导意见》等一系列政策措施，掀开了安全产业发展的新篇章，但自上而下的产业政策并不十分完善、产业显性需求不旺盛、设备及技术没有完全定型等，因此产业发展顶层规划仍需完善。

特别是安全产业缺乏统一统计口径，严重制约了产业发展。安全产业是拥有"新生"概念的"旧"事物，产业发展综合性、交叉性较强，其下的很多细分产业早已存在，如个体防护、交通安全、建筑安全、消防安全、矿山安全、城市公共安全、应急救援与安全服务等，安全产业概念的提出，实际上是将这

些已有分支行业进行整合规划，有针对性地进行政策扶植和发展推动。但目前国家统计局对安全产业的细分领域没有专门的统计口径，发改委也没有该产业的指导目录，致使安全产业在研究过程中没有科学的统计结果，无法对该产业进行科学的管理，哪些细分领域产能过剩、哪些领域产能不足也缺乏一个整体的认识。

二、缺少具有核心竞争力的龙头企业

一方面，缺乏大型龙头企业引领。龙头企业因其技术含量高、效益好、整合性强、带动效应明显等特征，具有较强的集聚效应。这种新的竞争力是非集群和集群外企业所拥有的。由于安全产业门槛相对较低，近年来小型企业数量增长较快。据不完全统计，大中型安全装备制造企业不到企业总数的 10%，中小企业占绝大多数，约 90%。中小型企业多，缺乏远期规划，规模整体较小，产品同质化现象较为严重。在多数细分领域缺乏具有国际影响力的龙头企业，无法发挥引领、带头作用，产业集聚效应仍未形成。

另一方面，现有安全产业链上下游互补等关联性不明显。后发技术、资金优势不能充分体现；产业科技水平和集中度较低，发展速度严重受限等。虽然形成了一批产业集聚区，但仅局限于中小企业地理位置的聚集，并未形成紧密协作，合作形式较为松散。国际安全产业大企业主导了全球安全装备企业的研发、生产和销售等环节。相比之下，我国还没有能够整合国内资源的大企业大集团，难以向众多小企业发包，形成大中小企业有效协作。

三、关键安全装备发展滞后

一是现有的装备未能满足安全实践的需要。与发达国家相比，我国大型、关键性安全应急装备科技含量低、附加值低。例如，城市高层建筑灭火装备不足。我国举高消防车的工作高度范围为 20～100 米，难以满足高层建筑灭火救援的要求，特别是举高消防车工作高度越高，车体越庞大，无法驶入狭窄的街道实施救援。应急通信产业发展滞后，有的地方在重大灾害之后两天之内仍无法与外界进行通信联络，导致错过了救援的黄金时间。

二是关键设备依赖进口。如航空应急救援装备、高端消防救援装备、矿山井下关键救援装备、应急监测检测仪器、防护装备等基本被国外企业垄断；此外，某些看起来较为先进的国产装备，实际上是国外零配件的组装，企业进行"攒机"的现象较为普遍。由于缺少核心技术，外方以技术转让费等形式获取巨额的隐形利润，使得我国高端安全装备的产业竞争力严重不足。

四、产业金融创新支持措施力度不足

在财政政策支持方面，虽然国家和地方近年来相继出台了一系列推动安全产业发展、完善产业环境的政策措施，但整体上，安全产业的长效激励机制尚未充分建立，扶持政策仍不完善，形式较为单一。

在金融支持方面，由于安全产业类企业多为中小企业，金融机构对相关产业盈利水平、未来发展预期缺乏认识，贷款意愿较低。安全产业企业的融资环境并不乐观，资金渠道阻塞问题制约着企业的发展。特别是安全生产领域缺乏投融资经验，缺少专业的评估方法和权威的评估机构。

在保险支持方面，安全生产领域的低投保率与我国整体保险市场的快速发展难以匹配。例如，安全责任险在我国起步较晚，部分条款是借鉴于国内外已有的相关保险，经过包装、修改后出台，往往"换汤不换药"。险种设计存在缺陷，安全责任险险种单一，缺乏灵活性，无法适应客户多变的需求。

同时，国家在高端技术引进政策、鼓励机制方面也存在一些问题，与产业发展难以适应。

五、部分园区产业"特色"不够突出

一是同质化建设较严重。从已有的安全产业园区定位来看，有些园区产业内容相对单一。园区企业多集中在产品制造方面，尤其是矿山安全产品、应急救援产品，而安全服务业和其他行业领域的企业十分缺乏。部分园区主导产业特色不明显，规划项目定位不准，对地区的要素条件分析不清，建设相对盲目，致使园区建设同质化现象严重。对资源禀赋、要素条件相同、相近的地区，地方政府在规划产业园区时管理与协调不足。

二是资金制约园区发展。由于安全产业园区建设前期投入较大，短期内需要大量人力、财力和物力，而政府财力有限，无法满足工业园区建设对资金的需求，造成园区内基础设施、公共服务建设投入不足，硬件滞后，功能不完善，对客商缺乏吸引力。比如，很多产业园区的各项经费未纳入政府财政预算，加之市、县级财政相对困难，普遍存在缺人员、缺经费、缺配套设施等问题。

第三节 对策建议

一、组织开展基础研究工作

安全产业是一个跨行业、跨部门的复合产业，新时期安全产业应该根据变化了的安全发展新情况、新要求，对自身的属性、特点和范畴进一步厘清，划清具体产品、技术、服务的产业范围。组织开展基础研究工作为制定安全产业政策、推广应用安全可靠重大技术装备、丰富安全产业投融资平台建设等提供重要依据，对在经济发展新常态下加快发展安全产业产生积极的指导和引导作用。特别是要建立健全安全产业发展的顶层设计，紧紧围绕《中共中央、国务院关于推进安全生产领域改革发展的意见》（中发 32 号文）等文件部署，创新思路，积极推进。依托智库机构、科研单位、社会团体等广泛开展基础研究工作，加强安全产业的科学统计，进一步完善我国安全产业的顶层设计，根据我国经济社会的发展和安全形势的需要，以及安全产业发展的变化趋势，出台明确支持安全产业发展的政策。

二、大力培育行业龙头企业

当前，我国安全产业的大企业大集团数量不足，难以与国际上的龙头企业进行竞争，也难以整合行业资源，需促进大中小企业的协作配套，因此，必须加大力度培育行业龙头企业。对内要完善、丰富企业产品线，提高产品质量和性能，实行精细化生产，提升产品的市场竞争力，打造品牌。对外，一是善用资本力量开展兼并重组，可以在行业内部进行，也可向上下游行业延伸，可以吸纳规模较小的企业，通过收购、并购、参股等灵活多样的资本运作手段，增强技术创新和资本经营能力，进一步提升行业集中度。二是积极参与国际竞争，引进和吸收国外先进技术及管理经营模式，也可以与国外企业广泛开展合作，充分利用国外客户资源，使之成为中国安全产业企业进军国际市场的桥梁和纽带。

三、加强安全技术创新与产品应用

第一，加强关键安全技术研究。通过互联网、大数据、人工智能和实体经济深度融合，重点加强灾害防治、预测预警、监测监控、个体防护、应急救援、本质安全工艺和装备、安全服务等关键技术的研发。推动机器人、智能装备在危险场所和关键环节广泛应用，大力实施高危行业企业"机械化换人、自动化减人"工程。

第二，加快安全技术成果转移转化。鼓励地方政府完善科技成果转化激励制度，支持高危作业场所大规模运用工业机器人等智能化装备，建设智能化生产线，逐步建立面向生产全流程、管理全方位、产品全生命周期的智能制造模式。

第三，建设安全产业创新中心和众创空间。大力发展安全创新工场、车库咖啡等新型孵化器，做大做强众创空间，完善创业孵化服务。引进境外先进创业孵化模式，提升孵化能力。

四、拓宽融资渠道，创新投融资方式

一是加大公共财政对安全产业的扶持力度。发掘安全生产专项资金的新型利用模式，加强与各类金融机构进行合作，推动成立安全产业重点行业基金。鼓励安全产业小微企业申请产业发展基金、科技创新投资基金，带动民间资本和其他社会资金加大安全产业的投资力度。

二是创新多种投融资模式。积极采用 PPP 模式，加快完善信用担保、风险投资体系，积极争取非上市股份公司代办股份转让系统试点。重点针对初创阶段的安全产业中小企业、成长期企业，提供不同的社会化融资解决方案。

三是探索安全产业与保险业合作机制。支持重大安全创新产品纳入《首台（套）重大技术装备推广应用指导目录》及其保险补偿机制试点，采取生产方投保，购买方受益的做法，以市场化方式分担用户风险。完善保险经济补偿机制，加快建立巨灾保险制度。将保险纳入航空应急救援、医疗紧急救援等灾害事故防范救助体系。

五、进一步推动安全产业集聚发展

一是继续支持地方申报国家安全产业示范园区。以徐州国家安全产业示范园的成功为案例模型，继续支持江苏省如东、吉林长春、广东肇庆等实力较强的地方申报安全产业示范园区（创建单位）。支持地方以政策集成、大项目引进、产业创新、园区建设为着力点，以做大体量、筹办会展和技术创新为突破口，推进安全产业园区建设，形成安全产业集聚优势。

二是合理选择园区发展重点。根据区域突发事件特点和产业发展情况，选择安全产业基础较好的地区，积极培育建立一批安全产业特色园区、集群。在条件相对成熟的地区，鼓励开展先行先试。加强安全产业特色小镇建设，建立以政府为主导、企业为主体、市场化运作的运营模式，形成区域经济新的增长极。

行业篇

第三章

道路交通安全产业

在我国，道路交通安全事故是造成生命财产损失最大的事故类型之一。随着国家对道路交通安全的持续重视，我国道路交通安全保障能力不断提高，但由于机动车基数的不断提高和城市化的日益发展，道路交通安全形势依然严峻。2018 年 12 月 13 日，国务院安委办召开了道路交通安全专题视频会议，会议指出，党的十八大以来，我国道路交通安全工作进展明显、成效显著，作为主要指标的全国道路交通安全事故起数和死亡人数实现了双下降，交通安全事故总量在全国各类事故中的占比约下降了 10%。会议同时指出，目前交通安全工作仍存在一些突出问题，主要为"标准不高不适应，公交车安全运行保障措施不足，监管执法不到位，道路交通安全基础总体薄弱"等。作为道路交通安全工作提供保障的产业，加快发展道路交通安全产业有利于减轻道路交通事故损失和避免事故发生，提高人民群众日常生活的安全水平，促进社会更加和谐稳定。

第一节　发展情况

一、道路交通基本情况

2018 年，全国机动车驾驶人数量继续提高。自 2014 年起，全国机动车驾驶人数量以 3012 万人的年均增量持续大幅增长，至 2018 年年末，全国机动车驾驶人数量已达到 4.09 亿人。其中汽车驾驶人数量占机动车驾驶人数量的 90.28%，为 3.69 亿人。以驾驶人年龄划分，26 岁至 50 岁的驾驶人数量最多，达 3 亿人，占 73.31%；其次是 18 岁至 25 岁的驾驶人，占机动车驾驶人总人数的 12.55%，达 5136 万人；再次是 51 岁至 60 岁的驾驶人，总人数达 4663 万人，为机动车驾驶人总人数的 11.40%；超过 60 岁的驾驶人最少，总人数为 1123 万人，占机动车驾驶人总人数的 2.74%。以驾驶人数量性别划分，男性驾驶人数量超过半数，占机动车驾驶人总人数的 69.87%，达 2.86 亿人；女性机动车驾驶人数量占 30.13%，达 1.23 亿人，较 2017 年同期提高了 1.34 个百分点。

2012 年以来机动车新注册登记量变化情况，如图 3-1 所示。

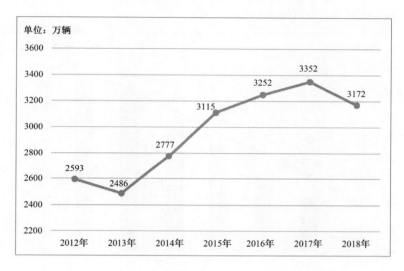

图 3-1　2012 年以来机动车新注册登记量变化情况

（数据来源：公安部交通管理局，2019 年 1 月）

汽车保有量快速增长，小型载客汽车和私家车是主要增量来源。2018 年，全国汽车保有量达到了 2.4 亿辆，较 2017 年同期增长 10.51%。小型载客汽车保有量达 2.01 亿辆，较上年同期增长 11.56%，为我国历史上首次突破 2 亿辆；私家车（私人小微型载客汽车）保有量持续快速增长，近五年年均增长 1952 万辆，2018 年我国私家车保有量达 1.89 亿辆；我国载货汽车 2018 年保有量为 2570 万辆，其中本年度新注册登记数量为 326 万辆。从城市汽车保有量情况角度看，2018 年全国共有 61 个城市超过百万辆，其中 27 个城市超 200 万辆，东莞、武汉、天津 3 个城市汽车保有量接近 300 万辆，北京、上海、深圳、西安、成都、苏州、重庆、郑州等 8 个城市超 300 万辆。

公路建设持续推进。2018 年 3 月 30 日，交通运输部发布的《2017 交通运输行业发展统计公报》（以下简称《公报》）数据显示，我国公路密度和公路养护覆盖率不断提高，全国公路总里程截至 2017 年年末为 477.35 万公里，较 2016 年年末增加 7.82 万公里；公路密度为 49.72 公里/百平方公里，增加了 0.81

公里/百平方公里（见图 3-2）；公路养护里程继续上涨，总数为 467.46 万公里，占全国公路总里程的 97.9%，较上一年同期增长了 0.2 个百分点。同时，等级公路建设持续开展，2017 年年末全国四级及以上等级公路较上年同期增加了 11.31 万公里，占公路总里程的 90.9%，较上年同期提高 0.9 个百分点；二级及以上等级公路里程 62.22 万公里，较上年同期增加 2.28 万公里，占公路总里程的 13.0%，提高 0.3 个百分点。

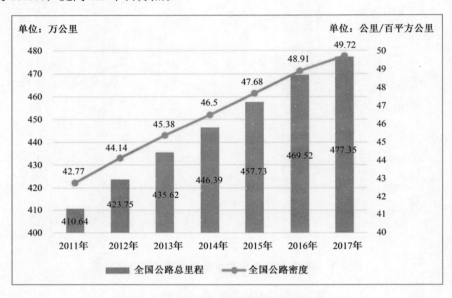

图 3-2　2011—2017 年全国公路总里程及公路密度

（数据来源：交通运输部，2019 年 1 月）

二、道路交通安全产业规模不断提高

道路交通安全产业是为道路交通安全提供产品、技术与服务保障的产业，通过道路交通安全产业的快速发展，我国道路交通安全保障能力不断提高，为遏制重特大道路交通安全事故发生提供了坚实基础，发展以道路安全基础设施、道路交通安全信息化管理系统、车辆主被动安全技术装备及安全设计、安全防护设施、交通安全保险服务等为主的道路交通安全产业意义重大。

道路交通安全产业规模不断增加。我国机动车保有量的不断增加，使得道路交通安全装备推广空间持续扩大；在《商用车辆和挂车制动系统技术要求及试验方法》（GB 12676—2014）、《营运客车安全技术条件》（JT/T 1094—2016）、《乘用车轮胎气压监测系统的性能要求和试验方法》（GB 26149—2017）等国家标准的陆续出台下，汽车防抱死制动系统（Anti-lock Braking System，ABS）、电子稳定控制系统（ESC）、胎压监测系统等安全装备在商用车和乘用车上快速普及。随着各类先进道路交通安全技术装备的兴起和快速发展，我国道路交通安全产业规模快速提高，预计 2018 年年末，将由 2015 年的 322 亿元增长到 400 亿元左右（见图 3-3）。

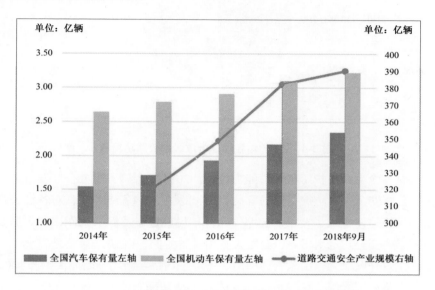

图 3-3　我国道路交通安全产业规模与车辆保有量

（数据来源：赛迪智库整理，2019 年 1 月）

第二节　发展特点

一、产业发展潜力巨大

全国高速公路里程持续上升，道路安全基础设施市场潜力巨大。《公报》数据显示，2017 年全国高速公路总里程达到了 13.65 万公里，较上年同期增加了 0.65 万公里，高速公路车道里程较上年同期增加了 2.90 万公里；国家高速公路里程 10.23 万公里，较上年同期增加了 0.39 万公里。截至 2017 年年末，我国国道总里程 35.84 万公里，省道总里程 33.38 万公里；农村公路里程 400.93 万公里，其中县道总里程为 55.07 万公里，乡道总里程为 115.77 万公里，村道总里程为 230.08 万公里（见图 3-4）。在道路村村通方面，全国未通公路的乡（镇）不超过全国乡（镇）总数的 0.01%，其中通硬化路面的乡（镇）占全国乡（镇）总数的 99.39%，较上年提高了 0.38 个百分点；通公路的建制村占全国建制村总数的 99.98%，其中通硬化路面的建制村占总数的 98.35%，提高了 1.66 个百分点。

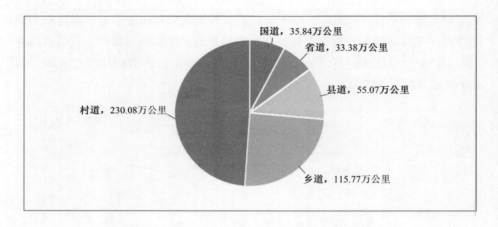

图 3-4　2017 年我国各行政级别公路总里程

公路安全生命防护工程保障能力巨大。2014 年，国务院办公厅发布了《关于实施公路安全生命防护工程的意见》（国办发〔2014〕55 号），对各级公路安全基础设施建设提出了要求。公路安全基础设施建设及养护工作，有效提高了各级道路的安全防范水平。以公路大省山东省为例，自 2015 年公路安全生命防护工程建设开展以来，山东普通国道、省道平均每年新实施路面大中修 1000 公里，优良路率始终保持在 93% 以上；农村公路和配套的公路安全生命防护工程列养率均达到 100%，截至 2018 年 6 月，全省整治、提升了安全隐患路段共计9850 公里，进行了穿城路和瓶颈路改造共计 1400 公里；对农村公路安全生命防护工程进行了 49.4 亿元投资，共计整治山东省农村公路安全隐患 4.09 万公里。随之而来的，是全省国道、省道、县道、乡道等各级道路的道路交通安全事故起数、死亡人数和受伤人数较公路安全生命防护工程前分别下降了 10.55%、10.78% 和 10.57%，事故防范作用和安全保障作用明显。

二、智能汽车是道路交通安全产业的发展重点

随着探测技术和电子控制技术的快速发展，智能汽车即将进入快速发展期。2018 年 1 月 5 日，国家发展和改革委员会产业协调司发布了《智能汽车创新发展战略（征求意见稿）》（以下简称《战略》），以满足推动智能汽车创新发展的迫切需求。《战略》指出，智能汽车已经成为产业融合发展的重点方向，其迅猛的发展态势对汽车产品的功能和使用方式产生了深刻影响，成为世界各国新一轮产业布局的必争之地。智能汽车的发展，不但能够提高道路交通安全保障能力，还可以推动多种新技术的共同应用，并借助智能汽车应用带来的数据积累，增强我国的综合竞争能力。为此，《战略》指出，要秉承四项基本原

则，加快智能汽车创新发展：统筹谋划，协同推进；创新驱动，平台支撑；市场主导，跨界融合；开放包容，安全可控。通过构建自主可控的智能汽车技术创新体系、跨界融合的智能汽车产业生态体系、先进完备的智能汽车路网设施体系、系统完善的智能汽车法规标准体系、科学规范的智能汽车产品监管体系和全面高效的智能汽车信息安全体系，实现到 2020 年我国智能汽车产业创新机制、基础设施部署及安全监管体系框架基本形成，"智能汽车新车占比达到 50%，大城市、高速公路的车用无线通信网络（LTE-V2X）覆盖率达到 90%"的目标。2016 年 6 月 7 日，在上海安亭，工业和信息化部批准的国内首个"国家智能网联汽车（上海）试点示范区"并正式投入运营；2018 年 7 月，住房和城乡建设部开展了智慧汽车基础设施和机制建设工作，在浙江宁波、福建泉州和莆田等地进行了试点。智能汽车技术作为融合了车联网、辅助驾驶技术和各类探测控制技术的综合性技术，是当前汽车向自动化、无人化发展的重要基础。

三、无人驾驶技术是重点投资方向

无人驾驶汽车是智能汽车发展的终极形态，是已知汽车安全技术的发展顶点。无人驾驶技术的发展将带来工业革命一般的产业变革，将从根本上改变人们的生活模式。无人驾驶技术不局限于车辆本身，依靠物联网技术实现车、路、人三者的联系，也是无人驾驶技术的重要组成部分。目前，无人驾驶产业正由技术研发向专门型产品的批量生产缓慢转化，关键性技术的突破为各无人驾驶公司提供了信心，但仍不足以支撑无人驾驶整车的大规模普及。

各投资机构对于无人驾驶的利好前景，进行了大规模投资。2018 年 4 月 16 日，创始团队全部来源于清华大学的无人驾驶研发公司：智行者，正式宣布完成 B1 轮投资，该投资由百度领投，顺为资本和京东跟投；5 月 15 日，被称为拥有"最强技术团队"的无人驾驶初创公司 Roadstar.ai，获得了约 8.12 亿元的 A 轮融资，该投资由双湖资本和深创投集团联合领投，云启资本、招银国际和元璟资本跟投；5 月 18 日，酷哇机器人（COWAROBOT）获得了 1.35 亿元的 B 轮融资，该公司在无人驾驶领域针对低速、垂直场景下进行研发，该投资由创世伙伴资本和软银中国资本联合领投，芜湖风投、盈峰投资、中民金服、睿鲸资本和合力投资跟投；9 月 3 日，中天安驰宣布获得了近亿元融资，由云启资本领投；10 月 31 日，前身为景驰科技（JingChi.ai）的文远知行（WeRide.ai）宣布完成 A 轮融资，投资由雷诺日产三菱联盟 Alliance RNM 战略领投，汉富资本、翼迪投资（Idinvest Partners）、德昌电机、安托资本、何小鹏、洋智资本

（OceanIQ Capital）等跟投；10 月，为港口运输等物流运输活动提供无人驾驶解决方案的畅行智能，完成了千万元级别的天使轮融资，由明势资本投资。

无人驾驶领域投资行为的持续进行，表明了资本对无人驾驶近未来发展态势的积极观点，但目前无人驾驶技术离能够产生大规模经济效益还有相当的距离，投资机构在评价我国无人驾驶厂商的发展潜力时，对产品稳定性、大规模生产能力是极为看重的。对我国无人驾驶厂商来讲，目前合作研发的订单数量要远高于批量供货订单数量，这也是研发经费体系较订单体系更容易、成本和短期期望收益更低导致的。未来无人驾驶技术必定要从定制化转为大规模生产，产品品控、供应链均为该新兴产业所面临的首要问题。

第四章

建筑安全产业

　　建筑安全产业是为保障建筑施工安全运营而提供产品、技术和服务的产业，其主要产品（如装配式建筑）在全国推广迅速，智能脚手架普及程度也在逐步提高。建筑安全装备和技术在不断升级，有效保障了施工效率的提高，同时降低了建筑安全事故。但在发展过程中，建筑安全产业也出现了企业及施工人员对先进安全装备重视程度不够、传统落后产品的市场占有率高、部分建筑安全产品行业准入门槛偏低、先进安全装备推广不力等情况，阻碍了建筑安全产业的发展，也不利于提升建筑行业的本质安全水平。

第一节　发展情况

一、行业发展动力强劲

　　2018 年，我国建筑业保持了平稳增长的态势，行业可持续发展能力显著增强，市场主体行为得到了进一步规范，法制建设、市场监管手段逐步完善，建筑市场健康、平稳发展。据国家统计局发布的数据显示，我国建筑业 2018 年的总产值达 235086 亿元，同比增长 9.9%（见图 4-1）；全国建筑业房屋建筑施工面积 140.9 亿平方米，同比增长 6.9%。由此可见，建筑行业市场前景广阔。与此同时，建筑业安全生产形势依然严峻，据国务院安委办目前的统计数据显示，2018 年上半年，全国建筑业共发生生产安全事故 1732 起、死亡 1752 人，同比分别上升 7.8% 和 1.4%，事故总量已连续 9 年排在工矿商贸事故第一位，事故起数和死亡人数自 2016 年起连续"双上升"。高处坠落和坍塌是建筑业事故的主要类型，在一般事故中，高处坠落事故占全部事故总数的 48.2%，物体打击事故占 13.6%；在较大事故中，坍塌事故起数占总数的 45.1%。建筑行业市场规模宏大，施工条件复杂，安全生产形势严峻，对建筑安全产品及服务的需求旺盛，推动了建筑安全产业的发展。

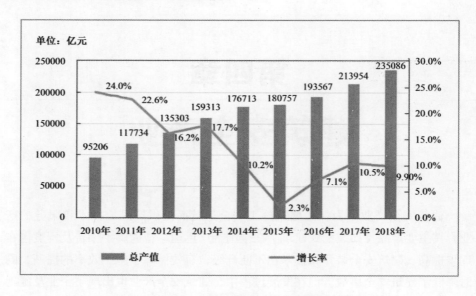

图 4-1　2010—2018 年全国建筑业总产值及增速

（数据来源：国家统计局，2019 年 1 月）

二、细分产品市场规模不断扩大

随着房屋建筑业、铁路、公路、机场等领域投资规模的扩大，对建筑安全产品的需求不断增长，各类建筑安全产品的市场规模在不断扩大。如 2017 年我国脚手架行业销售收入约 1738 亿元，国内脚手架市场规模为 1680 亿元（见图 4-2），可用于租赁的模板脚手架及配套存量规模较大，但是金融渗透租赁的程度很低，租赁物资自身的金融属性基本没有体现出来，未来发展潜力巨大。未来，延长产业链、开拓中西部地区、向铁路等热门需求领域扩张等将是我国建筑安全产业拓展的方向。

三、产业发展环境不断优化

2018 年，国家出台了部分政策法规来优化建筑安全产业市场环境。住建部标准定额司印发《住房城乡建设部标准定额司 2018 年工作要点》，提出要围绕提高建筑品质和绿色发展水平，针对门窗、防水、装饰装修等重点标准，研究相关措施，精准发力。住建部批准《装配式建筑评价标准》为国家标准，编号为 GB/T51129—2017，自 2018 年 2 月 1 日起实施，强调装配式建筑要满足主体结构部分的评价分值不低于 20，采用全装修，装配率不低于 50%等要求，这对于建筑行业提升本质安全水平、高端建筑安全产品迅速普及具有重要作用。人社部、交通部等 6 部门联合印发《关于铁路、公路、水运、水利、能源、机场工程建设项目参加工伤保险工作的通知》，要求进一步健全按项目参加工伤保险长效工作机制，全面启动铁路、公路、水运、水利、能源、机场工程按项目参加工伤保险工作，确保在各类工地上流动就业的农民工依法享有工伤保险保障，这对建筑安全服务体系构建，尤其是"建筑安全+保险"业的发展提供了保障。住建部办公厅印发了《危险性较大的部分分项工程安全管理规定》，对基坑工程、模板工程及支撑体系、起重吊装及起重机械安装拆卸工程、脚手架工程、拆除工程、暗挖工程等方面工程范围和技术规定做了详细论述，确保了建筑施工的作业安全，推动了先进建筑安全产品的推广应用。

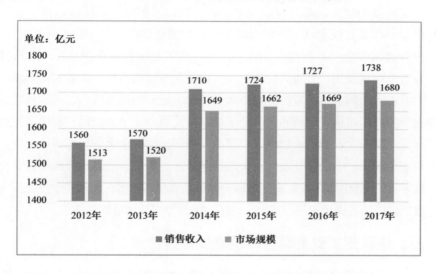

图 4-2　2012—2017 年中国脚手架行业市场规模情况

（数据来源：根据公开资料整理）

第二节　发展特点

一、建筑安全产业智能化发展形势初显

随着产品和技术的不断创新发展，建筑施工安全防护标准的不断升级，建筑安全产业智能化发展形势初步显现。尤其是互联网和建筑行业的融合，更促进了重点产品和技术的智能化进程。智能脚手架就是在传统爬架基础上，经过信息化、智能化改造而来，它可吸附于建筑本体，随楼宇建设高度的升高而提

升高度，不必随楼层的升高而另加装新脚手架，并将高空作业变为低空作业，提高安全水平，有力保障了施工人员的生产安全，又节省了钢材，提高了工效，具备良好的社会效益和经济效益。

数字化工地在部分城市已经开始启动，施工人员自进入现场开始，需要经过门禁识别、安全帽上的二维码识别等工序，同时施工现场还安装了多个摄像头，及时发布和接收信息，实行全方位综合管理，并与政府安全管理信息平台对接，实现建筑施工全面数字化监管。

二、传统建筑安全企业改造升级步伐加快

从行业整体的竞争格局来看，建筑安全企业的市场集中度很低，大多以中小企业为主，缺乏龙头企业，涉足的产业链较少，同质化竞争严重，缺乏核心竞争力。建筑领域内的部分行业领军企业，已经意识到改变传统经营模式、更新换代老旧产品及技术是未来争夺建筑市场的重要举措。

部分建筑安全产品的提供企业，已经完成了对现有安全产品的改造升级，率先在行业内研发生产并投入使用集成式电动爬升模板系统、集成式升降操作平台、附着式升降脚手架、带荷载报警爬升料台、施工电梯监控系统、工具式盘梯等为主导的高端建筑安全产品，填补了建筑行业设备安全的空白，解决了行业难题。部分建筑安全服务企业提出"零事故"目标，将安全服务与高科技结合，助力建筑安全管理，如已经开发出了大数据隐患排查系统，能自动诊断项目安全状态，集中管理安全隐患；VR 安全培训一体机场景丰富真实，实现多个建筑伤害场景的虚拟化设计，满足房建、市政、路桥、地铁等多种场景培训需求。

三、建筑施工安全服务体系逐步完善

我国目前形成了以维护建筑体在施工过程中的稳定及施工人员安全、为各类城市轨道建设、高架桥梁建设、民用建设等提供专业的建筑安全支撑设备租赁、成套方案优化、建筑安全技术咨询、检测认证、教育培训、投融资、建筑安全云服务等体系，各类中介机构、科研中心、监管部门等共同合作，共同保障建筑安全。同时，部分建筑安全科技型企业已经完成了核心技术的攻关，拥有了国内外先进的安全技术，保障了建筑施工安全。

在资金方面，2017 年各省工程保证保险试点方案已经出台，银行保函等代替建筑保证金的形式开始出现，2018 年保证金渐渐淡出了建筑市场，在逐渐盘活建筑企业现金流的同时，施工方也能拿出更多的资金来进行安全及技术改造。

第五章

危化品安全产业

第一节　发展情况

一、危险化学品安全生产形势

2016 年，我国已成为世界第一大化学品生产国和第二大石化产品生产国。2017 年，全国石化和化学工业经济增长取得优异成绩，经济增速是 2012 年以来增长最快的一年。但与发达国家相比，现阶段"只大不强"的发展特点严重阻碍了我国石化和化学工业安全水平的提升，安全事故时有发生。据原国家安监总局披露，2017 年化工行业共发生事故 218 起，死亡 271 人，其中两起为重大事故。2018 年，国内共发生 1902 起化学品事故，较大及重大事故频发，死亡 1 人以上的事故有 224 起，共造成 522 人死亡。特别是火灾爆炸事故，共发生 817 起，占事故总数的 43%，造成 240 人死亡，占死亡总人数的 46%，不仅造成重大人员伤亡，还造成了恶劣的社会影响（见表 5-1）。

表 5-1　2018 年国内十大化学品火灾爆炸事故（死亡人数前十）

序　号	事　故	死亡人数（人）
1	河北张家口市"11·28"重大爆燃事故	23
2	四川宜宾恒达科技有限公司"7·12"重大爆炸事故	19
3	河南鑫宏保温材料有限公司"11·3"较大爆炸事故	8
4	山东枣庄泓劲商贸有限公司"3·27"较大爆炸事故	7
5	河北金万泰化肥有限责任公司"11·7"较大爆炸事故	6
6	山东济南汇丰碳素有限公司"11·12"较大爆燃事故	6

序　号	事　故	死亡人数（人）
7	上海赛科石油化工有限责任公司"5·12"爆炸事故	6
8	临沂金山化工有限公司"2·3"较大爆燃事故	5
9	河北唐山华熠实业股份有限公司"3·1"较大火灾事故	4
10	新疆吐鲁番市恒泽煤化有限公司"1·24"闪爆事故	3

数据来源：赛迪智库整理，2019 年 1 月。

二、危险化学品安全产业重点工作

《危险化学品安全生产"十三五"规划》（以下简称《规划》）指出，供给侧结构性改革的经济发展方式和日新月异的科技进步，必将推进产业结构调整，加快淘汰危险化学品落后的工艺、技术、装备和过剩产能，提升产业工人的能力素质，降低安全风险，提高企业本质安全水平。危化品安全产业即《规划》所指供给侧，该产业将为危化品安全生产工作提供先进安全工艺、技术、装备和服务，助力行业本质安全水平的提升。

以有效防范遏制危险化学品事故为目标，2018 年危险化学品安全产业的重点之一是贯彻落实《石化和化学工业发展规划（2016—2020 年）》中"强化危化品安全管理"的主要任务，实施"危险化学品本质安全水平提升工程"。

2018 年，危险化学品安全产业还重点发力危化品生产企业搬迁改造。据统计，目前全国有近 30 万家危化品生产经营单位，其中小型化工企业占 80%以上，这些小型化工业企业普遍产品工艺落后，自动化程度低，企业安全管理水平低，安全投入不足，安全保障能力较差，安全风险较高，急需开展安全改造。此外，国内石化行业产业布局仍不尽合理，"化工围城""城围化工"等问题亟待解决，部分危险化学品生产经营单位与城镇人口密集区之间安全距离不足，对周边人民群众生命和财产安全造成较大的安全威胁，这部分企业的搬迁改造工作迫在眉睫。截至 2016 年年底，工业和信息化部、原国家安监总局共收到各地上报的需要搬迁改造的项目 957 个，总投资达 7540 亿元人民币。

重大危险源辨识是重大工业事故预防的有效手段，自 1982 年世界上第一部与重大危险源辨识相关的标准——《工业活动重大事故危险法令》颁布以来，世界各国都发布了相应的标准，以期预防各类重大工业事故。2018 年 11 月 19 日，市场监管总局和标准委发布 2018 年第 15 号公告，批准发布了《危险化学品重大危险源辨识》（GB18218—2018）、《危险化学品生产装置和储存设施风险基准》（GB36894—2018）等国家标准。《危险化学品重大危险源辨识》（GB18218—

2018），代替已运行十年的旧标准 GB18218—2009，将于 2019 年 3 月 1 日起实施。这两个新标准的发布实施将为危险化学品安全风险辨识排查带来操作性更强、更科学合理的工作依据。此次新国标的发布，也将为危化品安全服务产业带来新机。

第二节　发展特点

一、以危险化学品安全综合治理工作为机遇

2016 年年底，国务院安委会制定的《危险化学品安全综合治理方案》（以下简称《方案》）出台。《方案》确定了 40 项治理内容，并对应地制定了详细的工作措施。按照《方案》确定的工作内容和完成时限，推进危化品企业搬迁改造是综合治理工作的重点之一，2017—2018 年是完成这项工作的关键时期。

2018 年，危险化学品安全产业以城镇人口密集区危险化学品生产企业搬迁改造为机遇，重点对危险化学品生产、储存、运输中的安全薄弱环节进行提升改造，在搬迁企业的新建项目建设中，危化品安全产业为企业提供了安全水平更高的产品、技术和设备，有效推动了危险化学品安全综合治理工作的开展。

二、以"三化"建设改造和"产业+服务"为方向

下一步，危险化学品安全产业发展方向主要有：

一是互联网与制造业在危险化学品安全领域的深度融合。开展"三化"（自动化、信息化、智能化）改造，建设危化品风险预警与防控系统，深化危险化学品特殊作业、储存场所、设计诊断、自动化改造等专项整治，开展智能工厂建设和示范。

二是贯穿全生命周期链条和全时段的"三化"提升。危险化学品生产、储存、使用、经营、运输和废弃处置等各个环节链条长，过程复杂。全程追溯十分重要且必要；同时，有必要建立覆盖全时段的危险化学品安全综合信息管理体系，加强特殊时期（如高温雷雨季节、深夜等薄弱时期）的危险化学品安全管理。

三是危险化学品安全服务模块将迎来增长。探索针对危险化学品生产企业搬迁改造、石化行业技术改造提升、智能制造试点、智慧化工园区、高端产品研发、绿色安全生产、公共服务平台建设等相关重点项目的支持与服务模式，加强危险化学品救援基地建设、安全培训、金融服务等。尤其是严格执行 2018 年 11 月 19 日发布实施的两个新标准，将为危险化学品安全产业安全服务模块带来大幅增长，未来几年我国危险化学品安全事故在新标准的执行下有望减少。

第六章

矿山安全产业

采矿业是我国国民经济的主要支柱产业，实现矿山安全生产是保障能源供给、建设和谐社会的重要内容。矿山领域是安全产业重点涉及和发展的领域。矿山安全产业是为矿山安全生产提供产品、技术与服务的产业，对保障生命和财产安全、提高矿山安全生产水平、实现本质安全至关重要。随着矿山领域安全生产需求的不断加大，矿山安全产品的需求量和市场规模逐渐扩大。在国家安全生产和淘汰落后产能等政策，以及智慧矿山建设的大力推动下，我国矿山领域的两化融合取得了初步成果，已初步形成较完备的矿山安全产品体系。未来，矿山安全产业将通过集聚发展为矿山安全生产活动提供更有力的支撑。

第一节 发展情况

一、矿山建设情况

我国矿山淘汰落后产能力度不断加大，矿山数量逐年减少。截至 2017 年年底，非煤矿山数量在 34000 座以下，2018 年整顿关闭 1500 座以上，如图 6-1 所示。按照《非煤矿山安全生产"十三五"规划》的目标，到 2020 年，要将非煤矿山数量降至 32000 座以下，同时，矿山企业规模化、机械化、标准化水平明显提高。而截至 2018 年年底，全国煤矿数量已降至 5900 座以下，但仍有 30 万吨/年以下小煤矿 3113 座、产能 4.6 亿吨/年，分别占全国煤矿数量和产能的 53%、8.9%。特别是仍有 9 万吨及以下小煤矿 1344 座、产能 0.9 亿吨/年，分别占全国的 22.9%、1.7%。

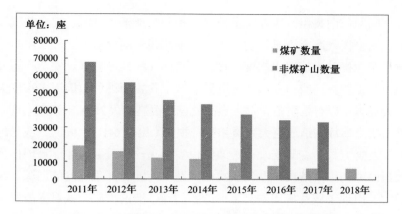

图 6-1　2011—2018 年我国煤矿与非煤矿山数量

（数据来源：赛迪智库整理，2019 年 1 月）

产业结构持续优化升级，示范矿山建设力度加大。2018 年 3 月，国家发改委、国家能源局、原国家安监总局、国家煤矿安全监察局联合发布《关于进一步完善煤炭产能置换政策加快优质产能释放，促进落后产能有序退出的通知》，明确了通过"四个支持一个鼓励"释放优质产能，支持通过机械化、自动化、智能化改造增加优质产能的煤矿。截至 2018 年年底，全国有 444 座一级标准化煤矿、1533 座二级标准化煤矿、1043 座三级标准化煤矿，733 座煤矿完成安全监控系统升级改造，建成了 145 个智能化采煤工作面。非煤矿山也将在"十三五"期间建设一批"机械化换人、自动化减人"示范工程以及"五化"（规模化、机械化、标准化、信息化、科学化）示范矿山。

二、矿山安全生产情况

煤矿、非煤矿山是我国安全生产事故的高危领域之一，受到国家、地方政府、企业和社会各界的高度重视。在各方共同努力下，我国矿山防灾减灾救灾能力明显增强，安全生产工作取得历史性成就，为保障国家能源安全与原材料稳定供应做出了突出贡献。2018 年，全国十种有色金属产量 5688 万吨，同比增长 6%，原煤产量 35.5 亿吨，同比增长 5.2%。煤矿事故死亡人数由历史上最多时的 7000 人左右降至 333 人，百万吨死亡率为 0.093，首次降至 0.1 以下。2017 年，全国非煤矿山共发生各类生产安全事故 407 起、死亡 484 人。2013—2017 年我国矿山事故起数与死亡人数，如图 6-2 所示。

但我国矿山领域事故隐患依然普遍存在。矿产资源开采条件复杂，资源埋藏深，自然灾害严重。重处置、轻预防，安全生产主体责任落实不到位、违法违规生产问题依旧突出。企业安全技术装备和生产工艺老旧、安全装置和设备标准低、安全投入严重不足、安全生产基础薄弱等问题依然比较严重。一些地方政府和企业推动淘汰退出态度犹豫，甚至还在批准产量低、安全隐患高的小煤矿搞技改扩能。还有一些因债务处置、职工安置等种种原因退出难度大的大矿，重大灾害难以有效防治，发生事故的风险很高。仅 2018 年第四季度就发生多起矿山安全事故，造成巨大人员和财产损失（见表 6-1）。同时，我国经济结构调整、发展方式转变等宏观调控政策也需要在一段时期后才能显现作用，很难在较短时间内根本解决一些深层次的问题。而随着开采深度的加深、生产规模的扩大，出现了威胁矿山安全生产的新问题，旧的措施无法对事故发生进行有效防御。安全隐患具有隐蔽性、反复性、复杂性和长期性，仅依靠政府部门检查很难彻底消除隐患，也无法实现全时间、全空间、全领域的本质安全。

图 6-2　2013—2017 年我国矿山事故起数与死亡人数

（资料来源：赛迪智库整理，2019 年 1 月）

表 6-1　2018 年第四季度我国煤矿部分事故情况统计

时间	事故情况
10 月 10 日	吉林省吉林市桦甸市兴桦煤矿发生瓦斯爆炸事故（关闭矿井），造成 4 人死亡
10 月 12 日	江西省新余市分宜县麻竹坑煤矿发生水害事故，造成 2 人死亡、1 人被困
10 月 15 日	重庆恒宇矿业有限公司梨园坝煤矿发生爆炸事故，造成 5 人死亡、4 人受伤
10 月 20 日	山东菏泽龙郓煤业发生冲击地压事故，造成 21 人死亡
10 月 25 日	四川省内江市双鹰煤炭有限公司老鹰岩井发生瓦斯爆炸事故，造成 4 人死亡、2 人受伤
12 月 15 日	重庆能投集团渝新能源公司逢春煤矿发生一起副斜井提升矸石的箕斗"跑车"运输事故，造成 7 人死亡、1 人重伤、2 人轻伤

资料来源：赛迪智库整理，2019 年 1 月。

三、矿山安全产业发展情况

随着国家对矿山安全生产要求的不断提高，在满足矿山企业对安全产品和服务需要的同时，矿山安全产业得到快速发展。矿山机械设备是提升生产效率、提高矿山安全生产水平的重要着力点。从改革开放初期从国外引进综采设备开始，我国矿山机械化水平快速提升。特别是大力推进矿山机械化、自动化，通过"数字矿山""智慧矿山"建设淘汰落后工艺设备，推广先进使用技术装备，不仅提高了矿山生产的效率，更从一定程度上保障了生产安全。目前，全国煤矿采、掘机械化程度分别达到 78.5% 和 60.4%，煤矿井下掘进设备制造水平也大幅提升，部分设备已达到世界先进水平（见图 6-3）。

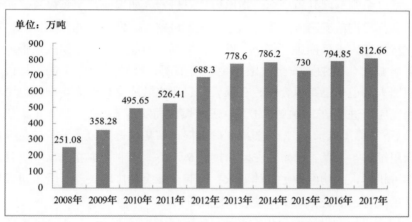

图 6-3　近十年我国采矿专用设备产量

（资料来源：国家统计局，2019 年 1 月）

中国将保持全球采矿设备的主要市场地位。据 Allied Market Research 发布的最新报告显示，全球采矿设备市场的规模预计会在 2022 年达到 1560 亿美元。受中国和其他国家采矿设备需求日益增长影响，2016—2022 年亚太地区将继续在整个市场中占据主导地位。而中国未来几年的煤炭开采预计将会保持增长，也将推动煤矿开采设备市场活跃表现。

第二节　发展特点

一、政策助推广阔发展空间

政策的密集出台为矿山安全产品，特别是先进技术装备发展提供了持续的推动力。为提高煤矿安全科技装备的保障能力和水平，国家煤矿安监局鼓励广大煤矿企业和科研院所共同开展科技攻关。2018 年 3 月，原国家安监总局、国家煤矿安监局联合发布了《煤矿安全生产先进适用技术装备推广目录（第三批）》。该目录中含各类先进适用技术装备共 4 大类 49 项，其中煤矿重大灾害防治类技术装备 26 项，监测监控类技术装备 13 项，机械化、自动化开采类技术装备 8 项，安全避险类技术装备 2 项。为了加快推进煤矿安全科技创新成果转化，国家煤矿安监局还借助"煤矿安全科技进矿区"等活动，加强先进适用技术装备的推广应用，实施煤矿安全生产先进适用技术成果与技术难题的"点对点"对接，专家与煤矿企业"面对面"对接。

2018 年 7 月，在全国煤矿安全基础建设推进大会上，提出了"管理、装备、素质、系统"四并重理念。指出要"以机器人研发应用引领煤矿'四化'建设，认真贯彻落实国务院领导同志对煤矿机器人研发应用的重要批示，加大政策支持力度，积极推进'三个一批'；加强与科技部沟通，积极申报项目，将煤矿智能化装备纳入安全改造资金补助范围；鼓励支持煤矿企业与科研单位、机器人制造单位跨界合作，在煤炭信息研究院成立机器人协同推进中心，加快研发应用进度"。2019 年 1 月，国家煤监局发布《煤矿机器人重点研发目录》（以下简称《目录》），第一次明确提出，聚焦关键岗位、危险岗位，重点研发应用掘进、采煤、运输、安控和救援 5 大类、38 种煤矿机器人。《目录》还对每种机器人的功能做了具体要求，引起全社会的广泛关注，为推进煤炭工业高质量发展，推进煤矿安全发展营造良好环境。

除提高供给方供给能力和水平外，国家还对需求方——矿山企业购买安全产品设备给予支持和鼓励。2018 年 8 月，财政部、税务总局、应急管理部联合发布《安全生产专用设备企业所得税优惠目录（2018 年版）》，涉及多项煤矿和非煤矿山安全生产设备；2018 年 11 月，国家发改委、应急管理部、国家能源局、国家煤矿安全监察局四部门制定并印发了《煤矿安全改造专项管理办法》，采用投资补助的方式，重点支持 7 类煤矿企业加快改善安全生产条件，提升安全保障能力，促进煤矿安全生产形势持续稳定好转。该专项对于与煤矿安全生产直接相关的设备升级、系统改造和工程建设等将产生良好的促进作用。

二、产业升级推动新技术广泛应用

矿山安全产业正经历从传统采矿设备向信息化、集成化转变，从偏硬件向软硬件同步发展过渡。国家《"十三五"资源领域科技创新专项规划》提出，"全面提升我国矿山行业的生产技术水平，推动传统行业的转型升级，充分利用现代通信、传感、信息与通信技术，实现矿山生产过程的自动检测、智能监测、智能控制与智能调度，有效提高矿山资源综合回收利用率、劳动生产率和经济效益收益率"。

数字矿山建设是用信息技术改造传统矿业的重要举措，智能采矿将为矿业科技带来重大跨越，成为化解采矿高危风险的重要途径。同时，数字矿山、智慧矿山作为国家两化融合战略在矿产资源行业的应用，对矿山安全产业发展势必产生深远影响。从 2018 年 5 月 1 日起，我国第一部以"智慧矿山"命名的标准规范——《智慧矿山信息系统通用技术规范》（GB/T34679—2017）开始实施，意味着智慧矿山建设开始以国家标准的形式落地推广。功能集成、信息共享、联动联控、稳定可靠的硬件设备和软件系统将为煤矿信息化建设奠定更加雄厚的基础。

2018 年我国有色金属行业固定资产投资同比增长 1.2%，投资方向由规模扩张转向加大安全等技改以及新技术等研发。2019 年，相关部门将制定有色金属智能矿山、工厂建设指南，以指导行业智能标准化建设，实现优化存量，提升产业链智能化发展水平。此外，自 2017 年煤矿开始进行监控系统升级改造，为进一步提高安全监控系统的技术水平和性能指标，提升煤矿安全生产保障能力，广泛采用网络技术、电磁兼容技术、智能诊断技术等先进技术装备，将加快推进互联网、大数据、人工智能同煤矿安全生产深度融合。

三、矿山安全服务产业仍需加强

虽然我国在矿山安全装备、矿山信息化、智能化建设过程中取得了一些成果，但总体上还处在初步探索阶段，最新的信息化、自动化技术在安全生产中的作用远未得到充分发挥，矿山安全服务产业发展相对滞后。一是缺少对产品的严格检测检验，存在低价竞争、以次充好、设置技术壁垒的现象扰乱市场；二是缺少安全领域信息化建设的方案制定和检验认证服务，急需制定升级改造和信息化建设后的验收标准规则；三是先进装备和信息化系统的管理、运行、维护服务发展滞后，信息化系统建成后应用比例较低，或不能发挥实际作用。

第七章

基础设施安全产业

基础设施安全产业涉及交通运输、能源动力、通信电信等市政公用工程设施和公共生活服务设施安全。我国历来对基础设施安全十分重视，2018年1—6月，全国基础设施建设累计投资同比增长 3.31%，保障基础设施安全是社会经济活动正常运行的前提。

第一节　发展情况

一、我国重视基础设施建设

国务院办公厅于 2018 年 10 月 31 日印发《关于保持基础设施领域补短板力度的指导意见》，其中提出了 10 项具体配套政策措施，针对加快推进项目前期工作和开工建设、保障在建项目顺利实施、加强重大项目储备、加强地方政府专项债券资金和项目管理、加大对在建项目和补短板重大项目的金融支持力度等做了详细解读。

加强完善基础设施建设是社会经济活动正常运行的基础，是社会经济现代化的重要标志，是经济布局合理化的前提，是国家拉动经济增长的必然途径。据统计 2013—2016 年的基础设施建设投资为 17.54%，2016 年同比增长 15.80%。2017 年同比增长 13.86%。2018 年 1—5 月的基础设施投资（不含热力、燃气、电力及水生产和供应业）同比增长了 9.4%，增速比 1—4 月回落 3 个百分点。随着地方政府平台的融资行为逐渐规范，预计未来基建投资增速将惯性放缓，据统计 2018 年 1—6 月，全国基础设施建设累计投资同比增长 3.31%，全年基础设施建设投资增速或在 5%～9%，投资额或超过 18 万亿元，全年全国各省市区仅就交通设施建设投入的资金额度总计 22852 亿元。中国基础设施计划在未来 18 年投资预计达 16 万亿美元。

二、基础设施安全发展现状

基础设施安全产业涉及交通运输、能源动力、通信电信等领域。其中，交通运输领域主要包括公路、铁路、桥梁、铁道、隧道、港口、航空等设施的安全。据交通运输部公布的数据显示，2017 年年末，全国公路总里程数为 477.35 万公里，公路养护里程数为 467.46 万公里，高速公路总里程数达 13.65 万公里，里程规模现居世界首位。铁路营业里程达到 12.7 万公里，比 2016 年增长 2.4%，全国铁路路网密度 132.2 公里/万平方公里。全国港口拥有生产用码头泊位 27578 个，拥有万吨级及以上泊位 2366 个，其中专业化泊位 1254 个，通用散货泊位 513 个，通用件杂货泊位 388 个。航空方面共有颁证民用航空机场 229 个，定期航班通航机场 228 个，定期航班通航城市 224 个。

能源动力领域包括石油、煤炭、天然气、电力等方面的设施安全。据国家统计局数据显示，2017 年，我国石油及天然气开采业固定资产投资 2648.93 亿元，煤炭开采及洗选业固定资产投资 2648.38 亿元，石油及炼焦加工业固定资产投资 2676.77 亿元。2016 年，电力、热力及燃气的生产和供应业固定资产投资 24772.48 亿元。据预计，我国油气管网主干道总投资在"十三五"到"十四五"期间将达 16000 亿元，新建管道 10 万多公里。

通信电信领域包含电信、通信、信息网络等通信基站、信号塔、光缆线路等方面的设施安全。2016 年，我国光缆线路长度为 30420755.06 公里，长途光缆线路长度为 99.41 万公里，互联网普及率为 53.2%。2017 年互联网上网人数达到 77198 万人。2016 年，我国移动基站产量为 64083.6 万信道，2017 年回落至 27233.4 万信道。

第二节　发展特点

一、基础设施安全市场前景广阔

我国安全产业基础设施市场潜力巨大。其中交通基础设施具有产业链长、带动作用强、涉及面广等特点，国家高度重视、投资者追捧。"十三五"以来，交通基础设施建设固定资产投资占全社会固定资产投资的比重稳定在 5% 左右，对推动经济增长、拉动内需具有重要的支撑作用。"十三五"之前的两年，交通基础设施建设固定资产投资持续高位运行，投资额超过 6 万亿元；2018 年 1—7 月投资达 1.6 万亿元，同期相比略有下降。交通运输基础建设投资每年均有所上升，同时公路里程逐年增加，道路维护服务及安全设施装备市场前景光明。2017 年，东部地区公路建设固定资产投资同比增长达 114.4%，中部地区投资为 2016 年同期的 96.7%，西部地区增速最高，是 2016 年同期的 130.2%。2018 年 1—7 月全国公路建设固定资产投资总计同比增长 117.7%，其中新疆的固定资产投资同比增长 500%。道路交通基础设施建设投资的上升提高了公路安全设施的养护需求及添置需求，推动了公路安全生命防护工程的进程，为道路交通安全基础设施的技术产品及服务市场提供了广阔的发展空间。科技创新不断推动我国交通运输发展，互联网、大数据、云计算、北斗导航系统等信息通信技术广泛应用于交通运输领域，建立线上线下结合的新型商业模式。

二、能源动力基础设施高速发展

我国能源动力基础设施发展迅猛，其中我国油气管网规模在 2025 年将达到 24 万公里。目前，我国油气管网发展存在总体规模偏小、布局结构不合理等问题，我国正在对油气主干管网、配气管网和区域性支线管网加快建设，进一步完善配套外输管道和 LNG 接收站布局，同时推进国内油气管网的互联互通。另外，在油气储运建设行业与"互联网"深度融合的背景下，加快建设智慧管网和智能管道，以期实现全智能化运营、全生命周期管理、全数字化移交，通过信息化手段大幅提升进度、质量及安全管控能力，从而使管道实现网络化、可视化及智能化管理，最终建成具有智能优化、自我调整、全面感知、自动预判且高效运行的安全智慧管网正在成为该领域发展的趋势。

三、着力保障通信电信安全

我国通信电信基础设施得到国家高度重视，2018 年 5 月 3 日，工信部、国资委联合发布《关于 2018 年推进电信基础设施共建共享的实施意见》（工信部联通信〔2018〕82 号），提出以提升网络攻击和质量效益为着力点，在深挖行业内共享潜力的基础上，积极推动电信基础设施和能源、交通等领域社会资源的共享共建。2015 年至今，工信部、国资委联合推进的共建共享实施意见要求我国三家基础电信企业原则上不再自建铁塔等基站配套设施及重点场所市内分布系统，强化通信基础设施建设安全生产管理的内容，进一步实现共建共享的总目标，减少重复建设与资源浪费。

四、完善政策提升水平

我国的交通运输、能源供给、信息通信基础设施虽然已有长足发展，民生得到了大幅改善，但远远未达到世界发达国家水平，与美国、德国、日本等先进国家相比，交通基础设施的质量、技术含量都相差甚远；电网设施数量不足，质量更是差距明显，安全服务无力跟进，服务效率亟待提升；信息通信基础设施落后，急需全面升级，国际互联网带宽差距尤其明显落后于先进国家。要完成供给侧结构性改革这一目标任务，预计今后一段时期，我国会加大改革投融资体制的力度，强制提高基础设施投资效率，将航空和港口基础设施列为重点，增强交通基础设施建设力度，使之担负起支撑产业升级的能力；加快建设能源互联网的步伐，使能源基础设施能适应各类新兴需求；加大以工业互联网为重点构建新一代信息基础设施的力度，为中国参与新一轮产业竞争、赢得市场提供坚实平台。

五、积极引入新型科技技术

基础设施建设未来几年任重而道远，据悉日前国家发改委先后批复了 2019 年基础设施建设项目，项目总投资超过 5000 亿元，投资项目主要集中在交通、民生等领域。在 2018 年的中央经济工作会议上，明确提出了未来要加大城际交通、物流、市政基础设施等投资力度，以补齐农村基础设施和公共服务设施建设短板为主攻方向。紧紧围绕中央精神，加大投资补短板力度仍然成为 2019 年的基础设施建设的工作重点。传统的基础设施投资依然坚挺，然而以新技术、新科技为主要方向的新型基础设施建设，以及以先进制造为主的工业领域投资越来越受到投资者的青睐，成为新的增长点。制造业技术改造以及设备更新、5G 商用、人工智能、工业互联网、物联网等一批高科技领域已成为新兴投资的重点。可以确信未来促进有效投资增长，加大补短板力度将会成为基础设施建设重点。2019 年将紧紧围绕"建设、改造"这两个关键词加大投资力度，"建设"重点将集中在加强具有高科技含量的新型基础设施建设，进一步推进人工智能、工业互联网、物联网等建设，加快 5G 商用步伐；加大能源、交通、水利等重大基础设施建设的力度。

第八章

城市安全产业

　　城市安全产业是为城市安全保障活动提供专用技术、装备与服务的产业。随着我国城市化水平的不断提高，城市安全需求不断提升，依照 2019 年 1 月国家统计局发布的数据，2018 年年末我国城镇常住人口较 2017 年年末同比上升了 2.20%，常住人口城镇化率达 59.58%，较上一年度上升了 1.06 个百分点。在我国城镇化水平快速提升的现状下，城市安全保障压力同步加大。在大安全理念下，为应对日益增长的自然灾害、事故灾难、公共卫生事件和社会安全事件等公共安全事件压力，化解重特大安全风险，健全公共安全体系，2018 年 3 月，国家应急管理部成立，为城市安全工作水平的持续提高打下了坚实基础。在国家的重点关注下，城市安全产业规模不断扩大，产业发展前景持续向好。

第一节　发展情况

一、我国城镇化水平不断提高

　　我国城镇化水平稳步提升。2019 年 1 月，国家统计局人口和就业统计司发布数据显示，2018 年年末我国城镇常住人口为 83137 万人，较上年末增加 1790 万人，同比上升 2.20%；乡村常住人口 56401 万人，减少 1260 万人，同比下降 2.18%，乡村人口持续涌入城市。2018 年年末，我国常住人口城镇化率（城镇人口比重）比 2017 年年末提高 1.06 个百分点，达到了 59.58%（见图 8-1）。受城镇区域扩张、城镇人口自然增长和乡村人口迁移影响，城镇人口上升，该三因素分别使城镇化率提高 0.42 个、0.25 个和 0.39 个百分点。对比 2014 年 3 月 16 日国务院公布的《国家新型城镇化规划（2014—2020 年）》要求，按常住人口城镇化率目前 1 个百分点每年的增长速率，2019 年年末即能完成该规划"常住人口城镇化率达到 60%左右”的城镇化目标。不断提升的城镇化水平，为城市安全产业的持续发展开拓了稳定的市场空间。

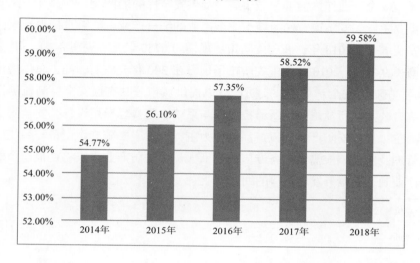

图 8-1 2014 年以来我国常住人口城镇化率变化情况

（数据来源：国家统计局，2019 年 1 月）

二、人民安全感需求为城市安全产业提出了发展要求

城镇化水平的提高，为如何加快提高城市安全保障能力、增强人民安全感提出了难题。随着城市规模的不断扩大和城市人口的快速提高，在媒体和网络传播能力的空前高涨下，重特大安全生产事故的影响力不可同日而语。为此，城市安全产业作为直接为城市安全保障活动提供技术、装备及服务保障的产业，是城市安全工作者做好本职工作的必要基础和坚实后盾，发展城市安全产业，有助于提高人民日常生活的安全感，对维护社会和谐稳定具有重要作用。据中国应急管理学会和中国矿业大学联合调查显示，2018 年全国城市公共安全感最高的城市是拉萨，广州、北京、上海分列第 5、20 和 24 位，哈尔滨居第26位，乌鲁木齐排名第31位。分析显示，北上广城市居民的公共安全感较低，一方面是由于居民对安全知识了解更为深入，对自身周围的风险更加关注；另一方面是网络宣传更为发达，人口密集且人际沟通更为顺畅。双重因素增强了居民的危机意识，也为保障城市安全、提高居民安全水平提出了迫切需求。

三、安防产业快速发展

城市安全产业作为能够为城市居民提供安全保障的产业，是提升人民安全感的重要手段，安防产业作为城市安全产业的细分产业，能够直接提升人民的生活安全水平。2018 年，我国安防市场规模约 6750 亿元（见图 8-2），较上年同期增长 9.21%，2018 年智能安防市场规模在 300 亿元左右，约占总体规模的 4.44%。在城市安全产业中，安防产业以提供城市公共交通安全检测监测设备与系统、公共场所及重点场所监控设备与系统、防暴恐专用设备及安全防护装置等为主。目前安防产业仍以产品销售为主，但由于安防专用设备与系统的使用、管理及应急响应需要配备专门的受训人员，安防产业未来将是最适合顺应安全产业制造转服务发展态势的细分产业之一。

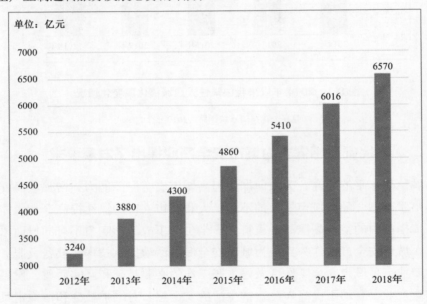

图 8-2　2012 年以来我国安防产业规模变化情况

（数据来源：赛迪智库整理，2019 年 1 月）

第二节　发展特点

一、政策和体制支持推动城市安全产业发展

作为国家重点支持的战略产业，政策和体制支持是安全产业发展的源动力，亦是城市安全产业持续发展的源动力。在政策支持上，2018 年中共中央办公厅、国务院办公厅印发了《关于推进城市安全发展的意见》（中办发〔2018〕

1 号，以下简称《意见》），要求各地区各部门要响应我国城市化进程明显加快的趋势，强化城市运行安全保障，着重防范事故特别是重特大事故的发生。《意见》提出了我国城市安全发展的总体目标，要求完善形成系统性、现代化的城市安全发展体系，深入推进创建安全发展型示范城市。《意见》同时提出了五点举措，即要"加强城市安全源头治理，健全城市安全防控机制，提升城市安全监管效能，强化城市安全保障能力，加强统筹推动"。在体制支持上，随着 2018 年 3 月国务院机构改革的正式实施，吸收整合了国家安监总局和消防部队力量的应急管理部正式成立，并于同年 7 月 30 日制定了《应急管理部职能配置、内设机构和人员编制规定》。在大安全理念和应急管理模式的整合下，城市消防安全工作、安全生产工作和自然灾害防灾减灾工作进行了有机结合，将割裂的城市防灾减灾工作进行了整理，有助于从自然灾害、事故灾难方面对城市安全产业发展进行指导。

二、平安城市建设是城市安全产业布局的切入点

从需求侧来看，平安城市建设是城市安全产业发展的重要市场来源，是城市安全产业进行广泛布局的重要切入点之一。2005 年，中共中央办公厅、国务院办公厅转发了《中央政法委员会、中央社会治安综合治理委员会关于深入开展平安建设的意见》，该文件阐述了平安建设的重要意义，提出了平安建设的重要性，对开展平安建设的方式方法和具体要求进行了详细解读。在国家的全力支持下，为编织全方位、立体化的城市安全网络，平安城市建设以 3111 工程第一批 22 个示范城市的视频监控项目建设为滥觞，其内涵不断扩大，平安城市建设所涉及的技术装备范围不断升级，带动了安防行业的快速发展，将视频监控、警用装备、生物识别和智能交通管控装备等专用安全技术装备纳入了平安城市的范畴。随着"大安全"理念的提出，平安城市建设逐渐由公安部门为主，转变成为由多部门配合、全社会参与的国家级工程，累计投入超过 5000 亿元。据统计，2017 年我国平安城市和雪亮工程投资超过亿元项目共 91 项，其中已发布中标公告信息项目 75 项，中标项目市场规模合计约 180.6 亿元，较上年同期增长 89.6%，城市安全产业得到了爆发式增长。

三、智慧城市为城市安全产业未来发展带来机遇

智慧城市理念的兴起为城市安全产业未来发展开拓了巨大空间。大数据、物联网及新一代信息技术的应用，从智慧城市的角度为城市安全的感知、控制提供了新思路，为城市增强应对自然灾害、事故灾难、公共卫生和社会安全事

件的反应能力提供了技术准备。作为"十三五"期间我国新型城镇化的重点方向之一，智慧城市建设在各地受到普遍关注，仅 2017 年年末，我国即有超过500 个城市明确提出要建设智慧城市，或已开始建设智慧城市。2016 年，中央网信办秘书局、国家标准委办公室下发了《新型智慧城市评价指标》，将"公共安全视频监控资源联网和共享程度""公共安全视频资源采集和覆盖情况""公共安全视频图像提升社会管理能力情况"作为新型智慧城市的重要评价指标，为城市安全产业的发展指明了方向。此外，对于平安城市建设，智慧城市的发展为其提供了重要的革新方向。目前平安城市的发展以维护社会安全为主，作为公共安全的重要分支，平安城市建设工程必将与自然灾害、事故灾难及公共卫生领域的专业化整体管控方案相结合，通过城市安全产业提供的技术、装备和服务的整合，智慧城市将成为城市安全产业高质量发展的基石。

第九章

安全服务产业

    安全服务产业是安全产业发展壮大的产物，现已成为安全产业重要的组成部分，推动安全服务机构完善发展，是安全生产赖以成长的有力保障。近几年我国安全生产形势总体呈现平稳向好态势，随着经济转型、体制改革的不断深入，安全产业紧紧围绕安全服务趋于社会化这一变革，引导社会专业力量积极参与企业安全生产管理，探索出托管服务、校企合作、园区服务、中介机构等多种社会化服务模式，努力打造"政府抓监督管理、中介抓服务指导、企业抓落实提升"分工合作共赢的格局，完成安全服务社会化目标任务。

第一节　发展情况

一、安全服务产业发展历程

    《中共中央国务院关于推进安全生产领域改革发展的意见》对构建安全服务体系有了明确规定，相关部门根据管理需要和安全活动的特点，将安全服务划分为七大类别，分别为宣传教育培训服务、安全咨询检测服务、事故技术分析鉴定服务、评价评估类服务、工程设计和监理服务、安全产业支撑服务和应急演练演示服务。2016 年，《中共中央国务院关于推进安全生产领域改革发展的意见》明确了安全服务的归属和要务，指出要"健全社会化服务体系"，至此安全生产专业技术服务正式纳入"现代服务业"发展规划。 2016 年 11 月，国务院安全生产委员会在《关于加快推进安全生产社会化服务体系建设的指导意见》（安委〔2016〕11 号）文件中，重点强调将安全检测检验、安全评价和职业健康技术服务，保险机构通过安全生产责任保险等方式参与事故防控机制等纳入安全产业，各级政府部门、各企业单位、各社会相关团体，必须各司其职，予以重视。

二、安全服务产业分类

一是专业技术服务。需要相关机构为企业提供安全标准化创建、诚信体系建设、隐患排查治理、事故预防、应急救援和演练、安全评价、检测检验、职业病防治等专业技术和人力支持；为政府制定发展规划、法规标准、安全生产政策、安全生产许可资格审查、安全事故调查分析鉴定、重大隐患排查、公共安全应急防范及应急救援风险评估等一系列服务项目，为安全生产提供技术支撑。

二是安全管理服务。相关机构根据企业安全生产、职业卫生现状和特点，针对安全生产管理准则制定服务方案；为企业培养推介相关专业技术人员，以其达到指导、帮助企业建立完善安全生产管理制度、操作规程、工作台账等目标任务；相关机构为企业提供周期性安全检查，对发现的安全事故隐患提出切实可行的整改建议，并监督指导落实。

三是安全宣教培训服务。相关机构根据企业实际需求，为企业提供安全教育培训、知识更新、人才培养等安全服务；指导协助企业开展安全文化宣传教育；为政府部门安全生产监管提供专业宣传教育、政策法规咨询、安全法律援助等服务。

四是安全生产信息化服务。运用物联网、云计算、大数据等现代信息技术，大力发展互联网+安全生产服务新业态，搭建完善的安全隐患排查治理、安全生产标准化等的安全生产信息系统和安全服务平台，提供准确可行的安全生产相关研究资料和分析数据，为政府监管或企业安全生产提供信息化管理服务。

五是其他安全生产服务。相关机构要为所需单位提供安全技术人才培养服务及安全生产责任保险、安全设备租赁、融资担保等安全服务。

三、安全服务产业面临问题

追溯我国安全服务产业发展的历史，由于起步晚、发展快、经验少、缺少政策支持，发展不尽人意。随着政府体制和政府职能的转化，随着人们内在需求的不断提升，随着政府决策民主化和专业化进程的加快，促使安全服务加快建设步伐。近几年来以政府为主要倡导者的安全生产社会化服务稳步发展，企业安全生产技术和管理难题正逐步破解，基层安全治理能力得以提升。但是社会化服务工作的主体（中介服务机构），包括中介机构发展的条件、中介机构在运行中亟待解决的重点问题，针对出现的问题政府应对的措施、中介服务机构应坚守的职业操守、工作准则，为安全服务实现社会化亟待解决的难题，真正将安全生产中介机构脱离具有行政管理职能的旧体制，逐步完成向市场化、专业化方向转变取得实质性进展，还有很长一段路要走。

第二节　发展特点

一、产业处于发展初期阶段

截至目前，我国从事安全产品生产的企业 4000 余家，安全产品年销售收入7000多亿元，其中的服务类企业约占40%。据统计，我国从事安全生产的中介组织和中介服务的专业人员有一定规模，江苏、河南、北京、上海、重庆、新疆等30个省、直辖市、自治区已经进驻拥有专业资质的安全服务中介机构。广东、福建等省实行安全主任等安全专业人员资质认证制度，先后成立了一批中介服务机构，取得了正面反馈。全国其他地方也纷纷涌现一批安全生产中介服务机构，其中大部分是实行企业化管理的事业单位，正在积极推进向完全的市场化、专业化方向转变。

二、多种服务模式共存

多种服务模式共存是安全服务社会化的主要特色：

一是企业购买服务模式。企业可根据自身安全生产的需要，遵循市场竞争机制，尊重自愿平等协商一致的原则，委托安全中介机构或聘请安全专家，在达成共识下签订安全生产服务合同，而受委托方需根据自身资质、承受能力，确保安全生产社会化服务项目顺利进行，依据相关法律法规和合同条款，为关系企业安全生产提供有偿服务。

二是政府购买服务模式。这一模式主要针对中小微企业管理能力弱和高危行业风险大、专业性强，相对安全隐患多发，政府出资购买安全生产专业服务机构，或聘请安全专家监管，包括日常检查、专项整治、风险评估等安全生产形式，为保证安全生产提供技术支撑、安全教育培训、知识更新及人才培养等服务。

三是三方联动模式。为很好发挥一体化管理优势，充分把握行业（领域）和区域安全生产的特点，企业自主选择中介机构并签订服务合同，中介机构提供有偿专业化服务，政府给予企业适当补贴。

三、加强监管推进发展

各级政府和相关部门要积极培育适时安全服务主体。创建完善的具有安全生产技术和管理能力的中介服务机构，并予以资金支持，引进国外科技力量雄厚的安全服务企业或机构或优秀的专业人才，弥补我国安全科技力量不足、不专业的短板。加大各项优惠政策以鼓励行业协会、高等院校、科研院所、专家发挥自身的专业特长，积极投身到安全服务实现社会化的改革中。政府监管购买安全服务，目标明确、有针对性地摸排安全生产风险，根除整治重大事故隐患，防患于未然。

各级政府监管部门及相关机构单位要规范服务内容方式。要始终如一地坚守自愿平等和协商一致的原则开展安全服务，所签合同必须符合国家有关法律、法规规定，依法依规开展安全服务，确保安全服务质量与真实性。对服务机构排查出的安全事故隐患，企业未能在限制时间内按要求落实整改的，政府监管部门不仅要予以处罚，更重要的是要强制性督促整改，确保安全到位。

各级政府监管部门要将安全服务社会化落到实处，加强安全服务社会化的推进工作，激发各类具有实力的社会服务主体的创业创新活力。加快发展第三方服务的步伐，打造"互联网+安全"创业服务新格局，为所需企业或单位提供定制化和个性化安全服务，大力推进安全服务社会化、制度化、规范化、常态化建设的进程，科学构建以企业为主体的安全生产标准化、风险管控、隐患排查治理等长效机制，以此作为推进安全服务社会化的切入点，促使企业担负起安全生产隐患的治理、防控等主体责任。

各级政府监管部门要强化执法、规范秩序。加强对第三方服务机构的安全监管力度，严格规范从业行为，对安全服务过程中弄虚作假、敷衍等违法行为严厉查处。政府要完善政府职能转变，对安全服务市场只行使监管权力。以行政强制服务或指定服务，干预搅乱安全服务市场的行为，要强令禁止并受到调查处置。进一步加强对中介安全服务机构的规范管理，逐步建立完善的诚信管理、质量抽查等机制，形成完整的、规范的、科学的、行之有效的安全服务社会化长效机制。

区 域 篇

第十章

东部地区

第一节　整体发展情况

　　经过多年发展，我国安全产业虽具有一定的市场规模，但各地区的安全产业发展不均衡。从地域来看，东部地区安全产业规模相对较大，中西部地区相对较小。2018 年，东部省市的安全产业发展水平继续领先，总销售收入约占全国的一半以上。其中，江苏、广东、浙江等增势突出。徐工消防、江苏国强、恒辉安防、中网卫通、安元科技等不少优秀企业迅速崛起，销售额稳步增长，利润丰厚，竞争力强，引领区域安全产业快速发展。

　　此外，安全产业发展环境良好。江苏、广东先后签署了部省合作协议。2018 年 1 月，工信部与原国家安监总局、江苏省人民政府签署《关于推进安全产业加快发展的共建合作协议》，同年 11 月，工信部与应急管理部、广东省人民政府签署《共同推进安全产业发展战略合作协议》。三方共建合作机制在安全科技创新、区域协作、标准建设体系等展开合作。未来，随着部省合作日渐深入，相关项目建设进一步推进，将推动我国东部地区安全产业迈向高质量发展阶段。

第二节　发展特点

一、安全产业集聚发展向好

　　以江苏、广东为代表的东部地区安全产业集聚发展态势向好。从园区建设来看，现有的五家安全产业示范园区（基地）分布，有三家位于东部地区，且园区特色产业明显。位于江苏省徐州市的徐州国家安全科技产业园区，是首个国家安全产业示范园区，以矿山安全为抓手，最先在国内提出了"感知矿山"的概念，积极打造具有国际影响力的"中国安全谷"；位于山东省济宁市的济宁高新区国家安全产业园区，重点发展应急救援、矿山安全、交通安全及安全服务；位于广东省佛山市的粤港澳大湾区（南海）智能安全产业园区，以智能安全为主导，以智能制造、大数据、工业互联网及现代服务业为抓手，重点发展智慧安防、智能工业制造及防控设备、安全服务、新型安全材料、信息安全、车辆专用安全设备六大类安全细分领域。此外，部分地区安全产业发展有基础、有潜力、示范效应明显，正准备申报国家安全产业示范园区。例如，江苏省常州市溧阳开发区、南通如东经济开发区、广东省肇庆市等也正积极布局和建设安全产业园区（基地），产业发展特色明显，并具备一定的产业规模。

二、安全产业市场空间广阔

东部地区凭借优越的地理位置，安全产业市场需求旺盛，发展势头强劲。当地政府加强前瞻部署，强化创新能力，掌握发展主动权。例如，粤港澳大湾区（南海）智能安全产业园位于广东省佛山市，临近"一带一路"重要节点，紧抓粤港澳大湾区政策红利，南海区安全产品市场辐射面广，市场需求量大，市场潜力还有待深挖。

首先，大部分沿线国家处于不发达状态，对建设发展需求极高，其中包括基础设施建设、装备制造业、信息安全、电站建设，而南海区在智能工业制造及管控装备方面已具备深厚基础，可成为"一带一路"沿线国家进口安全产业产品的集聚地。

其次，目前中资企业在海外的在建项目近 100 个，海外员工总数 80 万人，需要大量安全产业产品为其提供工作及生活方面的安全保障。其中，安全服务的作用至关重要，包括出国人员安全培训、风险评估、风险预警、应急救援演练等。由于"一带一路"沿线国家第三产业占比极低，为南海区大力发展安全服务输出提供了极具潜力的市场。

三、创新政策助力安全科技能力提升

作为我国经济发展的"领头羊"，东部地区在发挥有利区位和改革开放先行优势的同时，多措并举为创新型企业发展铺平道路，助力安全产业转型升级，往高端化、技术化方向迈进。

一是通过金融扶持政策鼓励高科技企业入驻。2018 年，广东省佛山市南海区政府出台《佛山市南海区人民政府关于推进"区块链+"金融科技产业发展的实施意见》，推进实施五大举措，包括打造 1 个产业集聚地、出台 1 个产业扶持政策、搭建多个产业服务平台、引导设立多个产业发展基金、推动多项技术成果转化和应用。

二是创新模式助力科研能力提升。例如，江苏省按照社会化、市场化建设模式，构建"总院+专业研究所"的组织架构，有针对性地组织安全产业相关科研院所赴地方开展产学研合作的系列行动，如徐州高新区与吉林大学、浙江大学、华中科技大学、中国矿业大学、北京科技大学五所高校联合成立了安全科技创新联盟，在"5+1 科技创新联盟"的基础上，清华大学、北京大学等"985""211"高校也相继加入进来，形成新的"N+1 联盟"，致力于安全科技的协同创新和关键技术攻关，形成了形式多样、优势互补的安全产业技术研发孵化体系。

三是重视专利发明的保护和知识产权的扶持。部分地区政府对专利发明给予奖励扶持，重视新产品及新技术的所有权，从而吸引更多高新技术企业。另外，政府建设了知识产权服务平台，旨在扶持知识产权培训扶持项目，鼓励实体机构为其提供行业性的专业服务，建立对企业知识产权的质押融资扶持。

第三节 典型代表省份——江苏

发展安全产业是江苏省经济建设工作的重要内容。早在 2016 年 8 月，徐州国家安全科技产业园被工信部、原国家安全监管总局批准为全国首家国家安全产业示范园区。2018 年，江苏省出台了《关于加快安全产业发展的指导意见》等政策，更是对推动江苏安全产业创新发展、集聚发展，积极培育新的经济增长点起到了重要作用。全省已将安全产业作为一个战略产业来全力培育，充分利用产业优势、技术研发优势、产业承载优势、人才优势等，着力强化安全科技研发、转化和应用，切实做大、做强、做优安全产业。

一、政府高度重视，产业发展政策环境较好

2018 年 1 月，工信部、原国家安全监管总局、江苏省人民政府在北京签署《关于推进安全产业加快发展的共建合作协议》。根据协议内容，三方将围绕安全生产、防灾减灾、应急救援等安全保障活动需求，协调组织要素资源共同推动安全产业快速发展，发掘区域经济增长新动能，着力在打造安全产业技术创新先导区、创新投融资服务模式、建立和完善区域协作体系、组织开展先进安全装备示范应用、研究完善相关配套政策等方面加强合作，力争将江苏省建设成为全国先进安全装备制造基地，为我国安全产业发展发挥示范引领作用。

2018 年 11 月，江苏省政府办公厅出台了《关于加快安全产业发展的指导意见》，对江苏未来安全产业发展的总体要求、发展方向、重点任务、营造环境等方面，做了详细规定，是未来江苏发展安全产业的纲领性文件。指导意见的附件为江苏省安全产业重点产品和服务指导目录（2018 年版），共分四大类别。一是风险监测预警产品，包含 5 大领域，即自然灾害监测预警产品、事故灾难监测预警产品、公共卫生事件监测预警产品、社会安全事件监测预警产品、其他监测预警产品；二是安全防护防控产品，包含 3 大领域，即个体防护产品、设备设施防护产品、火灾防护产品；三是应急处置救援产品，包含 3 大领域，即现场保障产品、生命救护产品、抢险救援产品；四是安全服务。包含 3 大领域，即事前预防服务、社会化救援、其他安全服务。

此外，部分地区已经率先出台了促进安全产业发展的政策措施。2018 年 5 月，徐州市政府发布了《徐州市 2018 年推进安全产业加快发展重点工作安排》（徐政办发〔2018〕74 号），提出了发挥园区集聚效应、做大做强产业集群等 22 条工作安排，以及努力打造具有国际影响力的"中国安全谷"的目标。

二、安全产业集聚区特点鲜明

江苏省是安全产业发展大省，省内已形成若干个安全产业集群。

（1）徐州高新技术产业开发区。发展安全产业是徐州高新技术产业开发区（以下简称"徐州高新区"）建设的重要内容，并打造了徐州国家安全科技产业园。园区内初步形成了涉及矿山安全、危化品安全、消防安全、居家安全和公共安全五大领域的产业集群。搭建了以国家重点实验室、省级安全科技研发中心、企业工程技术中心相互补充的产业技术支撑体系，促进新产品及技术研发；建设了集孵化器、加速器、产业园为一体的产业发展承载体系。已经形成了矿山安全物联网系统、危化品大数据平台、生物灭火器等高端产品。目前已聚集安全科技企业 128 家、安全科技研发机构 26 家，2017 年安全产业实现销售收入 412 亿元。

（2）常州市溧阳开发区。园区内企业多以道路安全防护栏、智能安全脚手架、分布式能源钢构、防洪应急用钢板桩、垃圾污泥等无害化应急处置为主要产品，或为产业链企业。特别是江苏国强镀锌实业有限公司的安全防护栏制造业自 2001 年以来一直稳居国内行业第一。2018 年，仅江苏国强公司的安全防护栏、智能爬架、新能源钢架结构的产值预计分别达到 70 亿元、8 亿元、20 亿元。

（3）南通如东经济开发区。集聚了全县绝大多数的劳保手套生产企业，成为全球知名的生命安防用品基地，安全防护用品出口占全国该领域的 22%。截至 2018 年 6 月底，全县共有生产企业 214 家，安全（应急）产业全产业共有年应税销售 5000 万元以上企业 55 家。已汇聚了世界 500 强企业霍尼韦尔生命安全集团以及强生轻工集团、恒辉、汇鸿、赛立特等国内外知名骨干企业。

（4）盐城市大丰区。近年来在爆炸安全、防震安全和应急救灾等领域取得了一批拥有具备产业化前景的技术及产品。其中，在爆炸安全领域，江苏爵格工业设备有限公司的部分项目已处于该行业的领先地位，参与了多项国家规范标准的制定和修订，高端防爆技术与设备独具优势。防震安全设备是江苏蓝科减震科技有限公司的主打品牌，现已广泛用于新建学校、医院以及各类民生建筑等。

三、产业链条较为完善

江苏省作为全国安全产业的排头兵，经过多年的发展，形成了较为完善的安全产业链条。在包括先进安全材料、个体防护产品、监管监察执法设备、安全传感产品、专用安全产品或部件、本质安全工艺技术及装备、安全监控管理信息系统、应急救援装备、各类安全服务等全产业链上聚集了一批优势企业，产业覆盖面较为齐全。在矿山、建筑、交通、消防等重点安全领域，聚集了徐工集团、国强镀锌等骨干企业；在产品应用终端环节，聚集了北方信息控制研究院集团、6902、江苏矿业集团、江苏建筑工程集团、交通工程集团等一大批科研院所与规模企业；在安全服务环节上，聚集了安元科技、易华录、南京中网卫星通信等企业。完善的产业链条，为其拓展安全产业领域、促进安全产业健康发展奠定了基础。

四、定期举办具有影响力的标志性会议

江苏省抢抓机遇，主动对接，举办具有影响力的标志性会议，抓好园区品牌建设的"标杆工程"。自 2011 年起，徐州每年召开安全产业协同创新会议，邀请各级政府、研究学者、科研机构、知名企业参加。至 2018 年，会议已成功举办八次，是国内历史最长的安全产业交流推广活动，已成为在国内颇具影响力的安全产业会议，徐州也被国家安监总局确定为该会议的永久会址。此外，徐州还连续三年举办了"一带一路"安全产业发展国际论坛，把开展安全科技协同创新、推进安全产业融合发展的成果推向"一带一路"沿线国家和地区。通过举办这些标志性会议，积极提升徐州安全产业园品牌形象，吸引资金、项目、企业和人才集聚发展，使大型交流会成为徐州安全产业园品牌建设的"标杆工程"。

第十一章

中部地区

第一节　整体发展情况

　　中部六省（山西、安徽、江西、河南、湖北和湖南）安全产业发展基础较好。随着中部经济崛起和工业化进程推动产业结构的调整优化，中部省区基础设施建设与改善民生的社会事业投资逐渐增加，其能源工业、机械工业、制造业等为主，服务业增长势头强劲的产业结构，决定了其对安全产品、技术、装备和服务的需求也存在较强的增长动力，安全产业有较大发展空间。

　　2018年，在安全产业指导性文件密集出台、全国安全产业座谈会在安徽省合肥市顺利召开的大背景下，中部各省区对安全产业有了更普遍的接受、更深刻的认知和更积极的态度。安徽、湖北等安全产业发展较好的省份继续良好的发展势头；江西、湖南等安全产业基础偏弱的省份进一步加深了对安全产业的认识，积极筹划开展行动；山西、河南虽对安全产业具有一定的认识和接受度且产品、技术等需求较大，但尚未开展具体工作。总体来讲，2018年中部省份安全产业发展进度可观，但由于地理位置、产业基础、交通条件等限制因素，反应速度和发展速度均较我国东部省份慢。

第二节　发展特点

一、安全产品需求旺盛，产业发展空间广阔

　　2016年12月20日，国家发展和改革委员会以"发改地区〔2016〕2664号"正式印发了《促进中部地区崛起"十三五"规划》（以下简称《中部崛起规划》）。在《中部崛起规划》的"建设和谐宜居智慧城市"一节中，提出了"实施城市风险安全普查，加强对城市隐蔽性设施、地上地下管廊、渣土受纳场等的监控

和隐患改造，实施人口密集区危险化学品和化工企业安全搬迁工程"的任务，在"纵横联通构筑现代基础设施新网络"一章中提出"加快构建安全高效、智能绿色、互联互通、功能完善的现代化基础设施网络"的要求。对中部地区以装备制造业（汽车制造等）、机械、冶金、电力、化工、轻纺、建材、食品、医药等产业为主的产业结构来说，落实《中部崛起规划》中这些提升中部地区本质安全水平的要求，所需要的安全产品、技术、装备与服务等缺口巨大，且中部地区电子信息、装备制造等安全产业的基础支撑行业发展较好，这些均成为中部地区安全产业发展的重要基础和有利条件。

二、集聚发展特征明显，缺少国际龙头企业

从区域分布看，中部省区安全产业发展较好的地区分布在安徽省合肥市和马鞍山市、江西省景德镇市和九江市、湖北省襄阳市等区域，形成了以这几个安全产业集聚区为核心的中部安全产业布局。2015 年，安徽省合肥高新区申报国家安全产业示范园区创建单位获批，同年，安徽省马鞍山市、湖北省襄阳市先后获中国安全产业协会授予的"全国安全产业发展示范城市"称号，2018 年，江西省开展的全省安全产业发展状况调研显示，景德镇市的航空安全应急产业和九江市的消防安全产业发展较好，并形成了具有一定规模的安全产业集聚区。这些安全产业集聚区的形成，极大带动了中部地区安全产业的发展。

虽然初具规模，但缺少具有国际影响力的龙头企业，这是中部地区安全产业的一大短板。例如，发展处于中部地区前列的合肥市，仅有高新区的中国电子科技集团第三十八研究所、安徽科大讯飞信息科技股份有限公司、新华三技术有限公司、安徽四创电子股份有限公司等国内企业作为引领。这些企业均属国家或区域性的知名企业，尚未走出国门，缺乏在国际舞台上的影响力，与3M、霍尼韦尔等安全产业跨国巨头还存在相当大的差距，其辐射带动效应也较为有限。

三、高质量发展成为新时期安全产业主基调

2018 年 9 月，以"推动安全产业高质量发展，努力提高全社会安全保障能力"为主题的全国安全产业发展座谈会在安徽省合肥市召开。会上，合肥高新区管委会副主任曹一雄作为发言代表做了合肥安全产业示范园区创建工作汇报，总结合肥高新区安全产业在 2017 年和 2018 年上半年的发展情况；清华合肥公共安全研究院副院长袁宏永做了"智慧安全城市技术发展与应用"主题演讲；中国电子科技集团有限公司第三十八研究所公共安全研究院院长助理王旭

做了"立足公共安全，服务智慧城市"主题演讲等。这些中部省区代表的发言展示了中部省区推动安全产业高质量发展的决心和清晰的工作思路，高质量发展成为中部省区安全产业发展主基调。安徽省作为其中的突出代表，近年来为推动安全产业做大做强做出了积极努力，座谈会选择在合肥召开也正因为安全产业发展情况与此次座谈会的主题高度契合。

四、安全产业发展与城市安全发展深度融合

2013 年，国务院安委办印发《国务院安委会办公室关于开展安全发展示范城市创建工作的指导意见》（安委办〔2013〕4 号），提出"以实施安全发展战略、建设安全保障型社会为目标……优化产业结构，提高产业安全保障水平"的总体要求。2014 年 9 月，湖北省襄阳市经国务院安委办批准成为全国十三个创建国家安全发展示范试点城市之一，是湖北省唯一一个入选的城市。4 年多来，襄阳市主动作为，积极部署，将推进安全产业发展与安全发展示范城市建设有机结合，在产业发展和城市发展良好互动方面做出了有益尝试。2015 年，中国安全产业协会正式授予襄阳市"全国安全产业示范城市"称号，同年襄阳市印发《国家安全发展示范城市建设规划（2015—2017 年）》《襄阳市国家安全发展示范城市创建实施方案》和《襄阳市创建国家安全发展示范城市 2015 年"十大"工程项目》，为创建工作提供了明确指导。2017 年，襄阳市安委办又印发了《关于印发国家安全发展示范城市重点指标任务分解的通知》，按照《国家安全发展示范城市基本考核规范》要求，将各部门国家安全发展示范城市重点指标任务印发给各县（市）区安办和市安委会有关成员单位，要求按照相关要求抓好落实。2018 年，襄阳市重点发力高质量发展，在"推进高质量发展十大重点工程"中将"构建全域覆盖、全网共享、全时应用、全程可控的立体化、信息化社会治安防控体系。巩固提升国家安全发展示范城市建设水平"列入，同时，襄阳市大力实施专项整治、安全技术改造升级，提升企业安全生产水平，全面推进安全生产网格化监管系统建设及安全社区创建，大力实施中心城区企业关停改造和搬迁工程，全市安全产业建设与安全发展示范城市创建工作深度融合、互相促进，均得到了顺利开展。

第三节　典型代表省份——安徽

一、全省安全生产状况

2018 年，全省发生生产安全事故 1724 起、死亡 1422 人、较大事故 18 起，

事故总量、死亡人数、较大事故起数同比分别下降 25.8%、14.3%、35.7%，未发生重特大生产安全事故，继续保持事故总量、死亡人数和较大事故起数"三下降"的趋势，全省安全生产形势平稳向好。全省 16 个地市事故起数同比均下降。事故起数下降明显的地区有安庆、芜湖、六安等市，死亡人数下降明显的地区有六安、阜阳、淮南等市。1—11 月，全省共发生较大安全事故 22 起，主要分布在道路运输业、商贸制造业、建筑业 3 个行业，全年死亡人数最多的行业是道路运输业，房屋建筑及市政工程、冶金机械行业死亡人数分列二、三位。

二、安全产业发展状况

（一）产业发展受到重视

安徽省在大力推进安全产业发展方面走在了全国的前列。2008 年，安徽省率先提出发展以监测、预警、应对、管理为核心的公共安全信息技术产业，是全国首个将公共安全明确为重点发展的战略性新兴产业的省份，以公共安全为特色的安徽省安全产业发展壮大之路由此展开。2010 年，安徽出台《安徽省公共安全产业技术发展指南（2010—2015 年）》，明确了本省公共安全产业的发展目标和技术路线，确定了煤矿安全、交通安全等七大重点发展方向，并提出构建技术研发、转化和共享三大平台；2015 年，合肥高新区积极申报国家安全产业示范园区创建单位成功获批；2017 年，安徽省印发《安徽省安全生产"十三五"规划》，提出"培育发展安全产业，加强产业政策引导，实施企业扶植、项目培育与金融服务，大力促进安全产业发展，重点建设合肥、马鞍山安全产业示范园区。加大创新方向引导，突出矿山与化工安全装备、交通运输装备、灾害预警、安全避险、应急救援等智能装备的研发和制造，初步形成产业发展规模"的主要任务。2018 年 2 月，为进一步推进全省安全产业发展，增强安全保障能力，指导全省安全产业合理布局、有序健康快速发展，促进全省工业经济转型升级，安徽省经济和信息化委员会印发《安徽省安全产业三年发展规划（2018—2020 年）》，提出重点发展高附加值的消防安全、矿山安全、交通安全、电力安全、职业健康、应急救援和安全服务七大智能化安全产业，将安徽打造为辐射全国的安全产业基地，到 2020 年实现产业总产值 1400 亿元。

（二）差异布局，集聚发展

安徽省对发展安全产业的主要城市实行差异化布局：重点发挥省会合肥市

国家安全产业示范园区（合肥高新区）的引领带动作用，发展以新一代信息技术为特征的安全、应急产业；马鞍山发展"互联网+"安全应急产业园；蚌埠打造以安全应用电子为基础的军民融合特色产业集群；芜湖依托现有机器人产业，建成以水下打捞和智能消防机器人为主的应急救援基地；滁州继续做大做强以特种消防车辆为重点的消防救援产业。

安全产业在安徽"全省一盘棋"的发展思路下集聚化发展趋势显现，产业集群初步形成，资源得到了优化配置，企业成本不断降低，安全产业整体竞争力稳步提升。合肥高新区和马鞍山市是安徽省的两个安全产业发展集聚中心。合肥高新区是安徽省最大的安全产业集聚基地，公共安全产业获批国家火炬计划特色产业基地。从 2014 年起，合肥高新区加速发力推动安全产业发展，2015年，合肥高新区获得首批国家级应急产业示范基地和国家安全产业示范园区创建单位授牌，成为全国首家也是唯一一家同时获得应急产业和安全产业国家级示范资质的单位。目前，一批以新一代信息技术在交通安全、矿山安全、消防安全、电力安全、安全信息化等五大领域应用为主的安全产业企业在高新区集聚，以信息技术为发展特色的安全产业已成长为高新区第二大支柱产业。

马鞍山市于 2015 年 7 月被中国安全产业协会授予"中国安全产业示范城市"称号，雨山区被授予"中国安全产业示范基地"称号。2017 年，《马鞍山市人民政府安全生产委员会关于印发安全生产"十三五"规划实施工作方案的通知》要求，"发展安全产业，推进矿山与化工安全装备、交通运输装备、灾害预警、安全避险与应急救援等智能装备的研发和制造"，并明确了牵头部门为市安监局和市经信委，确定完成时间为 2019 年。2018 年，围绕"生态福地、智造名城"建设大局，以发展"互联网+安全"为特色，以智能制造为引领，马鞍山市持续努力打造智慧安全发展示范城市样板。为进一步加快安全产业发展，现已成立了安全应急产业研究院、安全产业投融资公司以及安全产业展示中心，通过"互联网+"安全应急产业园建设，争创全国安全应急产业示范基地。

（三）产业规模稳步增长

截至 2016 年年底，全省安全产业总产值超 800 亿元，约占全国安全产业总产值 6500 亿元的 13%，约占全省工业总产值 39876 亿元的 2%；实现销售收入720 多亿元、利润 86.4 亿元、税收 61.2 亿元，同比增长分别超 22%、25%、25%，出口额 5 亿美元。全省安全产业企业近 500 家，其中制造业企业占 80%、服务类企业占 20%，从业人员 3.4 万人。

合肥市高新区是全省最大的安全产业聚集区，已形成以新一代信息技术应用为核心的安全产业基地，2016 年产值达 550 多亿元，约占全省安全产业总产值的 68%，实现销售收入 428.4 亿元，累计实现税收 19.3 亿元。2017 年，高新区安全产业完成营业收入 505 亿元，完成工业产值 301.7 亿元，完成税收 23.3 亿元。产业利税水平极高，利税率达 20.2%，高于合肥市其他战略性新兴产业 4.7 个百分点。全区共有 250 家安全产业企业，从业人员近 2.4 万人。马鞍山市作为"中国安全产业示范城市"，安全产业产值超过 67 亿元，相关企业 50 多家。

较高的成长性使安全产业成为全省新的经济增长极。在省市高度重视和各部门共同努力下，安徽省的安全产业发展迅速。2017 年，安全产业对合肥市战略新兴产业增长贡献仅次于平板显示、光伏新能源，强力拉动了合肥市及安徽省的战略新兴产业增长。合肥高新区的安全产业复合增长率达 31.8%，为省、市战略性新兴产业增长做出了较大贡献。安全产业企业的营业收入、税收等指标逐年递增，市场开拓能力也不断提升，已成长为安徽省新的经济增长极。

（四）创新能力较强，科技水平较高

依托中国科技大学、合肥工业大学、中钢马鞍山矿山研究院等高校和科研院所雄厚的科研实力，安徽省已建成了一批包括火灾科学国家重点实验室、金属矿山安全与健康国家重点实验室、煤矿瓦斯治理国家工程研究中心、国家地方联合分布式控制技术工程研究中心等国家级重点实验室和工程研究中心在内的安全产业科技研发平台，培育了一批拥有核心技术、市场开拓能力强、成长性好的安全产品制造企业。2016 年，全省安全产业企业拥有国家级企业技术中心 14 个，省级企业技术中心 20 个；高新技术企业 131 家、甲级安全评价机构 4 家。研发投入占主营业务收入 1.8%。其中，中科大团队研制的"墨子号"量子科学实验卫星从技术上验证了构建全球量子通信网络的可行性，将绝对安全的通信方式向实用化迈进了一大步。

安徽省政府、企业、高校、科研院所等就推动安全产业发展达成基本共识，在多方协作下，省内政产学研一体化体系建设稳步前进，创新能力较快提升，主攻方向更加明晰，智能制造规模初具。安徽省安全产业紧扣智能化这一未来发展的必然趋势，根据各行业的不同特点及需求，逐步深入开展"互联网+安全"在行业中的应用。部分安全产业企业拥有在新型安全智能远程实时监控防撞护栏建设、车联网+汽车主动安全防撞系统应用、汽车主动安全产品等道路交通安全方面的核心技术，向自主创新研发、培育核心竞争力方向转型，领跑省内安全产业，并有效促进了智能交通安全水平的提升。

（五）产业链、核心技术等竞争劣势依然存在

2018 年，安徽省安全产业发展取得了较好的成绩，但由于产业链不完善、核心技术难以突破等原因，全省安全产业还存在几个问题，总量规模及发展质量还有待进一步提升。

一是产业总体规模偏小，产业链有待完善。安全产品的规模和质量效益与广东、江苏省等经济发达省区相比还有较大差距。部分细分领域虽然具有比较优势，但仍存在总量规模偏小、产业关联度偏低、缺乏品牌影响力等问题。

二是制约安徽省安全产业发展的一系列关键核心技术尚未实现突破。现有的安全产品大多为技术含量不高、附加值低的同质化低水平产品，生产工艺、技术、装备都较为落后。全省安全产业企业的技术研发创新体系尚未形成，创新能力有待进一步提升。

三是缺少具有较强竞争力的国际一流安全产业龙头企业。目前省内的安全产业大型企业辐射、拉动能力有限，且大多数企业尚处在各自为战的状态，配套完整的产业链竞争优势尚未形成。即便是集聚趋势明显的合肥高新区和马鞍山市，由于缺少业内领先的国际一流企业，整体竞争力也尚未显现。

第十二章

西部地区

我国西部地区含有 12 个省市自治区，其中既有丝绸之路经济带核心区和内陆型改革开放新高地，以及有着内陆开放型经济试验区建设之称的省份，也有着欧亚高速运输走廊和面向西南、中南地区开放发展新的战略支点之称的自治区等区域。凭借其绵长的陆地边境线，以及优质的矿产资源、土地资源、水能资源，在我国经济发展战略中占有十分重要的地位。

第一节　整体发展情况

为确保西部大开发战略达到预期，国务院在《关于西部大开发"十三五"规划的批复》中强调指出"国务院西部地区开发领导小组所属单位、相关部门要继续做好西部大开发与'一带一路'建设、长江经济带发展等重大战略齐头并进，统筹衔接；在财政税收、项目布局、融资服务、对口帮扶等方面继续加大支持力度，同时东中部地区要确保对口援建水平，形成强有力的高质量的支持西部大开发的新合力"，要求"西部地区各级政府要紧紧依靠改革开放创新增强内生动力，注重结合本地实情，将《西部大开发"十三五"规划》中确定的重大政策、重要改革、重大工程、重大项目任务落实到位，同时要与本地区经济社会发展做好衔接工作，继续完善推进创新改革机制，强化政策落实保障，切实落实各项工作，确保目标任务如期保质保量完成，努力开创西部经济大发展的新局面"。《西部大开发"十三五"规划》在强化政策支持、创新完善投融资体制等方面提出了具体要求和进行了详细解读，确保《西部大开发"十三五"规划》得到有效落实。"西三角经济区"的建设发展更是为西部地区经济建设发展注入新的活力，长江经济带发展战略得以高度重视也成为西部大开发战略强势推进的润滑剂。

2017 年我国西部地区 GDP 同比增长率如表 12-1 所示。

表 12-1　2017 年我国西部地区 GDP 同比增长率

省（自治区、市）	GDP（亿元）	同比增长
四川省	36980.20	8.1%
陕西省	21898.81	8.0%
广西壮族自治区	20396.25	7.3%
重庆市	19500.27	9.3%
云南省	16531.34	9.5%
内蒙古自治区	16103.17	4.0%
贵州省	13540.83	10.2%
新疆维吾尔自治区	10920.09	7.6%
甘肃省	7677.00	3.6%
宁夏回族自治区	3453.93	7.8%
青海省	2642.80	7.3%
西藏自治区	1310.63	10.0%

数据来源：赛迪智库整理，2019 年 1 月。

　　西部大开发战略实施已进入加速发展阶段中期，成效显著。其中四川省是我国西部地区的"综合交通枢纽"，素有"中国西部经济发展高地"之称，GDP 连续多年位居西部第一。

　　新疆维吾尔自治区地理位置尤为重要，它位于亚欧大陆中部，是中国西北边陲重地，在我国拥有最大的面积、最长的陆地边境线、毗邻的国家最多，它拥有优质的矿产资源，其中石油、天然气资源尤为丰富，是大开发战略重大项目西气东输的起点，西气东输和西电东送这两大目标任务顺利完成，随着大量的天然气输送到长江三角洲，使得长江三角洲基础设施建设得到保障，连锁效应，有力带动相关产业的发展，为长江三角洲经济的进一步发展做出贡献，无疑成为我国实施西部大开发战略的主要阵地。

　　重庆是我国重要的现代制造业基地和高新技术产业基地，是我国中西部地区发展循环经济示范区，是国家统筹城乡综合配套改革试验区。

　　陕西省西安市在全国区域经济布局中凸显重要地位，既能承东启西，又有东联西进的区位优势。西安不仅拥有 3000 多个各类科研开发机构，还拥有 231 家省部级以上重点实验室、工程技术研究中心，67 位两院院士，以及各类专业技术人员 80 万人，科研人才、设施的密度居全国之首。获得"全国十大创新型城市"称号，其科技创新实力稳居全国第三，据统计仅 2017 年西安市科技成果交易额 809 亿元，名列全国 15 个副省级城市榜首。

第二节　发展特点

一、重视技术及人才储备

2018 年 5 月 19 日，国内首家"金融安全产业园"落户成都锦江区"东大街金融服务聚集区"——睿东中心。该产业园的宗旨初步定为"打造西部地区最具竞争力的金融安全科技高地和西部金融科技中心"。"金融安全产业"的提出具有前瞻性，随着新兴技术与金融产业融合加深，网络安全越来越引起关注和重视，金融安全产业园应势而生。金融安全产业园是在金融产业的基础上，将大数据、信息安全、人工智能等高新技术准确有效地与金融产业融合创新，衍生出线上金融安全服务集群与金融数据服务平台的产品，达到保障金融安全的目标任务。初步规划园区围绕金融安全产业主要建设 6 大板块，即金融安全产业聚集区、大数据研究中心、科技产业基金、搭建金融安全大数据服务与创新平台、科技创新孵化器、构建区块链技术与创新中心。

陕西西安高新区从成立至 2018 年，成功引进了 68 名两院院士，其中入选国家"千人计划"17 人，建立各类实验室、技术研发中心 200 多个，高新区经过 20 多年的创新发展，借助科教资源集聚的优势，雄厚的科技队伍，秉承推进科技成果转化，打造特色高新技术产业发展的宗旨，使得园区经济指标年均增速超过 30%。西安高新区快速发展不仅经济效益显著，也加速了地方产业结构的调整步伐，为陕西经济的发展，乃至整个西部地区的经济发展起了助推作用。2015 年 9 月国务院正式批复西安高新区为国家自主创新示范区，成为国家级高新区（基地）发展的示范旗帜，成功跨入我国科技创新能力最强、科技创新服务体系最完善的国家高新区行列。

二、持续推进园区建设

中国西部安全（应急）产业基地于 2009 年在重庆落户。2011 年 9 月 26 日在重庆麻柳沿江开发区启动建设，这是我国西部地区首个集安全产品的研发与制造、实训演练、技术培训、交易与物流于一体的全方位安全（应急）产业基地，基地制定了"以安全产品、技术和服务为主，以应急救援产品、技术和服务为辅"的明确目标，基地发展战略定位精准，即"依托重庆、辐射西部、面向全国"。能带动产值达数百亿的新兴产业集群发展的应急产业基地，为我国应急产业和安全产业发展模式的选择提供了探索和示范的借鉴。基地建设总投资约 150 亿元，预计基地建成投入使用后年销售额以每年不低于 300 亿元的速度递进增长，上缴国家税收每年不低于 15 亿元，经济效应巨大。截止到 2015 年产业基地吸纳国内外相关企事业单位成功入驻，产业集群效应初步成型，据统计仅一年应急装备制造业工业总产值就已达到 200 亿元。以此推算，预计到 2020 年，应急产业基地的总产值有望突破 1500 亿元。就此，我国首个应急装备产业化基地和军工技术创新转化产业示范基地成功挂名。

重庆消防安全（应急）产业园于 2015 年 1 月 24 日在万盛经济技术开发区内正式启动开工仪式，消防安全（应急）产业园主要以市安监局、市公安消防总队和消防培训中心为依托，将企业生产安全、学校消防安全、家庭消防安全知识培训和消防应急救援培训等作为园区发展重点，立足打造具有科技研发检测、生产制造、交易市场、实践培训等四大功能板块的一流消防应急园区。园区建设预计总投资 100 亿元，计划 2018 年建设完成并投入使用，当时初步估算，园区年销售总额预计可达 38 亿元，所得利税总额不低于 5 亿元。正在建设中的重庆消防安全（应急）产业园将成为全国第一个以"消防安全"为主题的产业园区。

第三节　典型代表省份——新疆

一、发展概况

新疆在历史上是古丝绸之路的重要通道，现在是第二座"亚欧大陆桥"的必经之地，战略位置十分重要。是我国土地面积最大、陆地边境线最长、毗邻的国家最多，水能资源、矿产资源、土地资源十分丰厚的宝地，在"一带一路"建设、西部地区开发战略中占据举足轻重的地位。

新疆充分发挥自身优势，在全疆范围内大力发展安全产业，带动全疆经济迅猛发展。就自治区目前的安全产业分布来看，乌鲁木齐市的消防安全产业、矿山安全和安全服务发展较好，昌吉州在消防安全、个体防护、安全服务和建筑安全方面具有一定基础，克拉玛依市和喀什地区在安全服务和个体防护方面已经开展了部分工作，伊犁州拥有消防安全方面的产业基础。围绕产业功能区，安全产业已在新疆范围内初步完成科学布局。

高科技主导安全产业初见成效，危化品运输是安全产业主攻方向之一，历来受到新疆政府的高度重视，新疆的天然气运输交由取得了国家一级道路货运企业、涉外运输、危险品运输、国际国内海陆空货运代理资质的"中国百强道路运输企业"前 3 强的中国石油天然气运输公司一并承担。中石油的运输调度监控系统成熟应用了车联网技术助力危化品运输安全。并将危化品运输安全指标检测器加装在北斗定位系统的车载终端，使危化品运输监控中的视频监控、GIS 监控平台、移动危险源监控、应急联动和应急信息管理系统相结合，通过建设中国石油天然气运输公司危化品运输车辆的监控服务平台，确保危化品运输安全。

二、发展重点

《新疆维吾尔自治区国民经济和社会发展第十三个五年规划纲要》中将危化品的生产和运输列为发展安全产业的重点工程，强势要求"油气管道在线检测、安全设备设施、个体防护装备、灾害监控、特种安全设施及应急救援研发制造产业。深化隐患源头治理和安全专项整治，重点做好道路交通、矿山、危险化学品、消防等行业领域安全生产工作，有效防范和遏制重特大事故。"指明今后新疆发展安全产业的重点所在，即"立足自身能源资源优势，加快建设国家大型油气生产加工和储备基地、大型煤炭煤电煤化工基地、大型风电基地和国家能源资源陆上大通道"，打造丝绸之路经济带核心区。

园区篇

第十三章

徐州安全科技产业园区

第一节　园区概况

　　发展安全产业是徐州高新技术产业开发区（以下简称"徐州高新区"）建设的重要内容。在2005年，主要是依托中国矿业大学学科优势和徐州高新区产业基础开启的。2010 年，徐州国家安全科技产业园开始建设，并由徐州高新区、中国安全生产科技研究院、中国矿业大学等单位共同推进。2013 年 9 月被工信部、原国家安监总局列为国家安全产业示范园区创建单位，2013 年 12 月，被科技部批准为国家火炬安全技术与装备特色产业基地，2016 年 8 月被工信部、原国家安监总局批准为国家安全产业示范园区。多年来，徐州高新区将安全产业发展作为践行新发展理念、营造新发展动能、实现高质量发展的主要抓手，培育了创业板上市企业五洋科技、原国家安监总局"四个一批"重点企业华洋通信、三森科技等骨干企业，初步形成了涉及矿山安全、危化品安全、消防安全、居家安全和公共安全五大领域的产业集群；搭建了以国家重点实验室、省级安全科技研发中心、企业工程技术中心相互补充的产业技术支撑体系；建设了集孵化器、加速器、产业园为一体的产业发展承载体系。

第二节　园区特色

一、具备了一定的产业规模

　　目前，徐州高新区拥有安全产业企业 128 家。其中，矿山安全企业 65 家，消防安全企业 14 家，危化品安全企业 5 家，公共安全企业 46 家，居家安全企业 8 家。从初步统计的安全企业数据来看，其中以提供安全产品的企业居多，达 90 家，而只提供安全咨询、培训、教育等服务的企业有 11 家，既提供产品又提供服务的企业有 27 家。2017 年安全产业实现销售收入 412 亿元，上缴税收 2.26 亿元，实现经济效益 4.37 亿元。徐州高新区 2011—2017 年安全产业产值情况如图 13-1 所示。

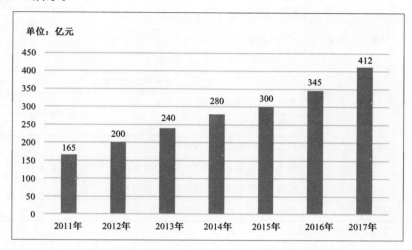

图 13-1　徐州高新区 2011—2017 年安全产业产值情况

二、初步形成了科技支撑体系

物联网技术、传感技术、人工智能等现代技术日新月异，为安全产业的发展提供了扎实的技术支持。为确保各类前沿技术迅速转化应用，近年来，徐州高新区积极推进了安全产业科技创新生态体系建设，组织各种科技资源和力量为创新创业提供技术、知识、信息、管理、投融资等服务，找准了产业技术链关键环节（见表 13-1、表 13-2）。截至目前，高新区建有国家级示范产业园区 1 个、国家级特色产业基地 1 个、国家级孵化器 1 家、省级示范产业园区 4 个、省级众创空间 3 家、高校技术转移中心 7 家，产业科技创新平台 14 个。高新区累计拥有省级以上研发机构 78 家，其中省级院士工作站 4 家，省级企业工程技术研究中心 25 家，博士后科研工作站 14 家，企业研究所工作站 18 家，千人计划专家 27 名。近年来，共承担包括国家级科研项目 1302 项，省部级科研项目 942 项；获得国家级科技奖励 49 项，省部级科技奖励 503 项、授权专利 5621 项（其中发明专利 1276 项）。

表 13-1　徐州高新区国家科技单位一览

序号	类　别	名　称
1	国家重点实验室	煤炭资源与安全开采国家重点实验室
		深部岩土力学与地下工程国家重点实验室
		高端工程机械智能制造国家重点实验室

续表

序号	类 别	名 称
2	国家工程实验室	煤矿充填开采国家工程实验室
		深部矿井建设技术国家工程实验室
		矿山互联网应用技术国家地方联合工程实验室
		感知矿山国家地方联合工程实验室
		醇醚酯化工清洁生产国家工程实验室研发中心
3	国家工程研究中心	煤矿瓦斯治理国家工程研究中心
		国家煤加工与洁净化工程技术研究中心
		药用植物国家工程研究中心
		激光加工国家工程研究中心徐州分中心
		生物芯片北京国家工程研究中心淮海分中心
4	国家协同创新中心	煤炭安全绿色开采协同创新中心

数据来源：徐州市科技局。

表 13-2　徐州各高校安全专业优势

序号	学院设置	主要研究方向或专业	人才配置	科研平台设置
1	中国矿业大学安全工程学院	矿井瓦斯防治、矿井火灾防治、矿井安全监测监控、矿井通风与防尘	中国工程院院士 2 人，教授 18 人，副教授 17 人	煤矿瓦斯治理国家工程研究中心、煤矿瓦斯与火灾防治教育部重点实验室、煤炭资源与安全开采国家重点实验室、矿山互联网应用技术国家地方联合工程实验室
2	徐州工程学院土木工程学院	土木工程、安全工程、城市地下空间	高级职称 26 人，硕博士学位教师 50 余人	江苏省大型工程装备检测与控制实验室、江苏省大型钢结构腐蚀防护工程技术研究中心、江苏省地震灾害工程防御技术研究中心
3	徐州安全技术职业学院	安全技术与管理、信息安全与管理、电梯工程技术	现有教授、副教授 96 人，硕士以上学历 128 人	
4	江苏建筑职业技术学院建筑安全与减灾工程技术研发中心	安全技术与管理、地下与隧道工程技术、矿井建设、矿山机电	教授 8 人，副教授 13 人，省安全生产专家 1 人，省"青蓝工程"学术带头人 1 人	

数据来源：徐州市各高校官网。

三、建立了相对齐全的基础配套设施

徐州高新区近年来加大了基础设施建设和配套设施建设力度，相继投入了20多亿元用于产业基地、人才服务、平台支持等基础工程，完善了安全产业发展的外部环境。第二工业园、第三工业园和第四工业园的基础设施建设基本完成，实现了"七通一平"。建设了日处理2万吨的新城污水处理厂和日处理5万吨的龙亭污水处理厂。园区道路、河道进行了绿化建设，绿化覆盖率达到了40%以上。政府建设了廉租房和公租房，开通了多条区内交通线，实现了区内交通与徐州市交通有机对接和覆盖。同时，徐州地铁3号线贯穿整个高新区，终点站就设在产业园区内。

此外，占地1100亩的矿山安全装备制造基地、占地148亩的科技孵化区和占地1500余亩的安全科技产业园加速器已经相继建成。建筑面积10万平方米的人才公寓正在加快配套室外设施，先期建成的140套人才公寓完成了家具家电配置，成功入住高层次人才100余人。建筑面积5.4万平方米的园区服务中心已封顶，正在进行室内装修及室外配套设施建设。永安置业建设的高标准厂房一期3万平方米完成了室内装修，二期16万平方米已开工建设。微普基地7.4万平方米基地已经封顶，10平方公里的安全产业生产基地正在规划和建设基础设施。

四、优化了安全产业服务环境

服务机制化。高新区设立了安全科技产业园管理委员会，下设四个处室：综合处，负责安全科技产业园宣传、文件上传下达、会务接待、后勤保障、人力资源等工作；产业发展部，负责安科园的产业规划编制、产业发展政策研究、产业项目招商等工作；科技金融部，负责园区资本运作、投融资服务、财务管理、科技项目资金申报、科技合作推动等工作，同时负责产业发展基金、风投创投资金的引进和设立；项目建设服务部，负责园区规划及园区建设计划的落实、项目建设手续的办理、项目建设进度督促及安全管理。

服务市场化。高新区优化运营机制，成立了徐州高新区安全产业投资发展有限公司，外聘总经理、顾问，对国家安全科技产业园实行市场化运作，更好的发挥政府引导作用和企业市场化效应。此外，成功引入恒鼎安全科技有限公司对园区物业进行市场化管理，负责土地购置、工程建设、园区运营等工作，提升了园区服务水平。园区多次赴外地开展专题招商交流，拜访重要客商逾百名，接待考察团队110余次，迎接省市区重大项目观摩7次，2017年签约项目50余个，投资总额约42亿元。

服务产业化。高新区组建了总额 50 亿元，首期额度 10 亿元的全国首家地方性安全产业投资基金，开展了基金募投项目路演活动；组建徐州安全产业技术研究院，组织开展安全产业技术研究和集成攻关，引进和培育了安全产业创新团队，研究安全产业政策，建设安全产业公共服务平台；融合国内外 136 所高校，60 多所科研机构，418 家检测机构资源，打造了中国安全科技成果交易网，为国内外安全科技成果评估、知识产权交易、科技成果转化、高层次人才交流提供了综合服务，实现了安全装备与技术线上线下相呼应的格局。此外，安全科技产业园数据服务中心、国家安全生产监察监管大数据等平台，不断提升安全装备检测检验、安全技术评测评价、安全工程咨询、创新创业服务水平。

第三节　有待改进的问题

一、产业化整体水平不高，竞争力有待提高

从规模上看，高新区安全产业的经济总量仍然偏小，占工业经济的比重偏低。从产业结构上看，装备制造业、资源加工业、劳动密集型等传统行业所占比重较大；高新技术企业、外向型经济企业相对偏小，经济总量偏低。从产品结构上看，高新区拥有市场上知名品牌较少，在安全产业市场上的占有率较低，多数产品处于中级水平，高端化、智能化程度不深，资源密集型和人工密集型产品较多。

二、资金投入不足，制约未来发展

从高新区安全产业实际发展情况看，资金的投入并不足以支撑产业取得较大突破，一是政府和社会资本在安全产业方面的投入较少，对产业转型升级不利；二是高新区的安全产业正在经历从传统装备制造向智能化、信息化改造跃进过程中，对高科技的投资不足。高新区安全产业的经济增长主要是依靠传统产品的订单式生产和大规模扩产，对依靠技术进步或进行内涵改造实现增长的较少，企业科研活动经费支出只占销售收入的 3%。

三、人才技术储备较少，创新能力不够

就目前来看，高新区在人才、技术的储备上还不足，能招引人才的企业少，留不住人才的企业多。一方面，徐州各大专院校及研究机构培育的高端人才向苏南、上海等地区流失严重。另一方面，从人才资源专业领域看，徐州人

才资源主要集中在机械制造、装备生产等传统领域方面，安全、技术、市场、管理、投融资等专业人才资源对安全产业的支持不足；从技术人才的层次看，在国家千人计划专家、长江学者、杰出青年等高端人才层面，安全产业相关高端技术人才数量不足。

四、工业用地瓶颈较重，影响项目建设进度

高新区的快速发展，工业项目增多，土地计划指标远远不能满足项目建设的需求，用地供求矛盾日益尖锐。虽然市区加大了煤塌地、荒山的复垦和新农村改造力度，但置换出的土地数量对工业用地来说也是杯水车薪。另外，个别项目工业用地结构与布局不合理，土地供应机制缺乏科学性，土地利用的阶段性和长远目标还没有形成，单位面积土地投资强度较低，出现粗放用地和浪费土地现象。

五、市场竞争激烈，缺少龙头企业

目前，全国许多地方都在加快发展安全产业，争资源、争人才、争政策、争市场的措施逐步加大。徐州高新区在发展安全产业过程中，产业特点并不是十分突出，行业品牌优势和领先技术并没有形成核心竞争力。高新区内缺乏具有广泛影响力和市场号召力的龙头企业，对品牌价值的挖掘、开发、提升力度不够，尚未形成有利于品牌发展的竞争环境，也没有通过对产品深度的推广而获取更大经济价值，在注重规模、效果的同时，忽略了对品牌的塑造和维护。

第十四章
中国北方安全（应急）智能装备产业园

第一节　园区概况

　　营口地处渤海之滨、辽东湾畔，位于东北亚经济圈的中心位置，海、陆、空交通便捷。筹建于1992年的营口高新区位于营口西部，临河濒海，与主城区紧密相连，2010年经国务院批准成为国家高新技术产业开发区。营口高新区交通便捷，公路、铁路、航空、水运立体交通网络发达，位于高新区的中国北方安全（应急）智能装备产业园（以下简称"北方安全产业园"）具有独特的区位优势。另外，营口高新区工业基础雄厚，特别是近年来迅速发展的装备制造业带动了金属冶炼、机械加工、电子信息和新材料产业的同步发展，以及金融保险业、餐饮服务业、交通运输业等城市综合配套设施，为安全（应急）产业的发展奠定了坚实基础，也为安全（应急）产业的科研成果转化、高科技安全（应急）产业项目落地发展提供了坚强保障。

　　北方安全产业园总投资300亿元，总规划面积20.47平方公里，围绕着"应急""智能"两大发展特色，按照立足营口、服务东北、辐射全国的发展定位，借势营口高新区和辽宁自贸区，全力打造安全（应急）智能装备产业园升级版。目前，已基本形成了以高端安全装备制造和智能化监测监控系统为主体，以应急救援工程机械和安全领域应用新材料等为配套，以科技研发、金融服务、成果孵化为辅助支撑的产业体系，在安全智能装备及应急救援装备、安全领域应用新材料、安全科技研发及成果孵化等方向培育了一批重点企业。

北方安全产业园现有安全（应急）智能装备产业的相关企业 132 家，生产能力超过 700 亿元，初步测算 2017 年产值突破 134 亿元（另外汽车保修设备生产企业近 80 家，产值约 100 亿元，实际企业有 210 余家，产值约 230 亿元），园区内现有 8 个门类、100 多个品种的安全和应急类相关产品。在安全科技辅助支撑平台建设方面，西安交通大学、哈尔滨工业大学和中国科学院、中国安全科学研究院等 20 余所国内知名院校、科研单位与园区内相关企业建立产学研一体化合作关系在装备制造、3D 打印和新材料等 3 个重点学科设立院士工作站。安全装备产业发展格局初步形成，主要布局以营口高新区为主导，其他重点园区协调发展的模式，研发出在业界具有代表性的一批高新技术和产品。

2018 年 1 月，营口市和辽宁自贸区营口片区领导带领安全产业园内重点企业的企业家赴北京与中国安全科学研究院张兴凯院长等领导会谈，共同建立了市院安全产业合作机制，并在营口市签署"营口市政府与中国安全科学研究院安全生产和安全（应急）产业发展战略合作协议"，同时，营口宝山科技有限公司等企业与中国安全生产科学研究院筹备合作建设危险化学品储运安全监测监控平台和劳动防护用品展销平台。北方安全产业园积极与高等院校和科研机构合作，市政府先后与辽宁大学、辽宁工程技术大学和哈尔滨工业大学签订共建高端装备制造产业和安全（应急）产业的合作协议。

2018 年 10 月，营口市政府副秘书长兼辽宁自贸区营口片区管委会常务副主任张东带领自贸区和安全（应急）产业园领导赴陕西调研，先后考察了西安电子科技大学、西安工业大学和西安科技大市场，并与西安科技大市场实施跨省合作，筹备建立西安—营口安全产业发展合作机制，并筹备建立以安全（应急）智能装备和高端装备制造为重要内容的"营口科技大市场"，借以服务和牵动营口经济社会快速发展，推进安全（应急）产业发展进入快车道。

经过 4 年多的发展，园区整体空间规划、产业发展布局、顶层设计各项工作取得了阶段性成果，创建成为国家示范园，展现出强劲的发展动力和广阔的发展空间。按照高端、智能、集成的发展方向，安全装备产业链快速发展，将切实体现国家级高新区"高"和"新"的要求。北方安全产业园从 2014 年创建初期的 50 多家安全产业企业、生产能力约 100 亿元，发展到现有安全产业企业 97 家、生产能力超过 500 亿元，形成了以危险化学品、交通运输等领域安全（应急）智能装备制造和安全（应急）装备的物流运输、市场贸易为辅助，以安全监测预警为主要技术方向，以智能安全（应急）装备为特色，产业体系完善的安全（应急）智能装备产业。

第二节　园区特色

一、安全产业园与自贸区营口片区深度融合

按照"国家政策引导、政府扶持服务、企业自主发展"的管理模式，营口市政府将安全产业纳入营口市整体发展规划，并将中国北方安全（应急）智能装备产业园、营口国家级高新技术产业开发区、中国（辽宁）自由贸易试验区营口片区工作机构和管理职能进行深度融合，在自由贸易试验区区划内的安全（应急）产业享有与自贸区的一切优惠政策。营口市成立了国家安全装备产业示范园领导小组，市长任领导小组组长，各部门协调配合，形成了组织有力的工作机制，建立了实施有效的保障体系，经市委批准在辽宁自贸试验区内设立"安全产业园管理局"，作为中国北方安全（应急）智能装备产业园建设领导小组办公室的办事机构。辽宁自贸区营口片区管委会的经济管理、科技、招商等所有资源条件、人员力量均可调配利用。北方安全产业园区，一是建立了基础档案，及时掌握企业的发展动态；二是建立安全产业园企业家信息交流平台，方便及时交流产业信息、政策信息和科学技术信息；三是定期对收集的产业项目信息组织进行推介活动，对安全产业的发展起到一定的促进作用。

二、产业集聚效应不断增强

随着国家经济形势总体稳定向好以及国家对安全生产工作的高度重视，安全产业蕴藏着无限的发展空间，强大的市场需求将推动安全产业进入发展的快车道。营口市政府高度重视中国北方安全（应急）智能装备产业园的建设，这也是营口市委、市政府从战略布局角度确定的发展重点之一。营口市结合自贸区建设在产业结构调整方面，制定了一系列扶持安全和应急装备制造业发展的优惠政策，推进做大优势产业，带动形成产业集群。火灾和燃气、毒气报警设备行业在营口有近50年的生产历史，现阶段有十几家规模不等的企业在研发、生产20余种产品，营口新山鹰报警设备有限公司是其中的龙头企业，2017年产值超过2亿元，通过"给政策、找项目、拓市场"等手段，与德国企业联合、产品前后端对接助力良性循环。同时还积极推进中海油安全环保科技有限公司与园区相关企业合作，积极推动辽宁瑞华实业集团公司安全装备和智能化监测控制系统产品更新换代，使现有的5个系列30多种产品在2016年的基础上有了新的提高和突破；同时，以辽宁卓异科技集团公司研发的以耐腐蚀、耐磨损、耐高温、耐冲击为特点的安全领域应用新材料为主体产业的4个种类38个产品，在2017年有新的攀升。

三、科技创新成果层出不穷

（一）安全装备制造技术

营口忠旺铝业有限公司集成式建筑专用铝模板等高安全性能新产品已经进入产业化阶段，2017 年营口忠旺向中国重型机械研究院订购 75MN 挤压机等几十台不同型号的模板挤压机，建成 10 余条铝模板生产线，其产品在全国已经占有广阔的市场，而且还显示较好的经济效益和安全效果。辽宁瑞华实业集团高新科技有限公司自主研发的数字化矿山解决方案 9 大检测监控系统及其产品问世之后，特别是其研发的"矿山精确定位监管监控多功能管控系统"，具有井下人员定位精度达到 15 厘米级以下，信息双网（有线、无线）传输，三维成像，在矿难后延续保持 8 小时井下信息上传的能力。2017 年，经国家煤矿安全监察局组织专家在山西晋煤集团塔山煤矿对该系统现场使用情况鉴定技术水平填补国内空白、达到国际先进水平，并列入国家科技部火炬计划产业化示范项目、国家安监总局重点推广应用先进技术装备项目和安全科技"四个一批"项目，获得好评并建议推广使用。辽宁卓异装备科技公司自主研发的港口岸电系统，既解决了船舶在港口停留期间所排油污产生的海水污染问题，也解决了船舶锅炉及发电机运行产生的噪声、高温对作业人员产生的职业危害。同时还与中科院沈阳金属研究所合作，在金属防腐专项技术研究方面取得突破，有望近期实现产业化。大方科技（营口）有限公司采用国际先进的可调谐激光检测技术为平台，自主研发的 DLGA-3000 系列激光脱硝氨逃逸在线分析系统等产品2017 年入选《环境保护专用设备企业所得税优惠目录（2017 年版）》，车载激光甲烷分析仪通过中国仪器仪表行业协会技术鉴定获评国内领先技术，超低浓度烟尘在线监测系统通过国家专项许可。营口万意达科技有限公司自主研发的毒害气体检测设备获得国家专利技术，在本企业转化为高端专用产品并应用于军工或危险物品专用运输车辆。

（二）消防和气体监测装备

营口新山鹰报警设备有限公司自主研发并获取国家专利技术证书 20 余项，在本企业转化为产业项目的有 7 项，特别是研发具有国际领先水平的火场智能化逃生指示系统和自动跟踪定位射流灭火系统已经广泛用于国内外大型商场、酒店、机场，2017 年度实现产值 2.6 亿元。营口新星电子科技有限公司被中国石油和石化工程研究会石油化工技术装备专业委员会授予"燃毒气泄漏报警装置技术中心"，自主研发的五个系列20多个品种，可对天然气、石油液化气、沼气、一氧化碳、煤层气（瓦斯）等易燃易爆气体进行监控、报警和智能化处理，广泛应用于公交、石化、国防、民用等各领域，2017 年该公司研发的极寒天气下燃毒气泄漏探测仪器，目前正在黑龙江等北方地区推广使用。

（三）安全领域应用新材料

辽宁卓异新材料有限公司 2017 年度与中科院沈阳金属研究所深入合作研发应用在许多领域并达到国际领先水平的铝镁钛轻合金表面处理技术，研究开发针对矿山井下和化工企业存在金属设备严重腐蚀的重腐蚀防护技术，已经成功实现产业化并推广应用。

营口市主要安全装备企业如表 14-1 所示。

表 14-1　营口市主要安全装备企业

序号	企业名称	主要装备产品
1	营口忠旺铝业有限公司	轨道车辆整体车厢、轻量化专用汽车车厢和建筑专用铝模板
2	营口盼盼安居门业有限公司	多功能防火门、安全门
3	营口瑞华高新科技有限公司	矿井物联网监测监控类技术和产品
4	中集车辆（辽宁）有限公司	应急救援类工程机械、车辆产品
5	营口新山鹰报警设备有限公司	智能化火灾监控报警类产品
6	辽宁卓异装备制造有限公司	煤矿井下避难硐室生命支撑体系
7	营口新星电子科技有限公司	道路交通安全防护类产品
8	营口光明科技有限公司	车辆动平衡监测机械等
9	营口中润环境科技有限公司	矿用移动救生舱配套
10	大方科技（营口）有限责任公司	GJG10J 光谱吸收甲烷传感器
11	营口龙辰矿山车辆制造有限公司	矿用窄轨防脱轨行走机构安全人车
12	营口赛福德电子技术有限公司	大空间自动寻的喷水灭火系统、图像型火灾探测器
13	新泰（辽宁）精密设备有限公司	精密铝铸造
14	营口圣泉高科材料有限公司	酚醛树脂生产
15	营口巨成教学科技开发有限公司	突发事件现场伤员应急救援培训系统

四、推进科技研发体系建设

营口高新区拥有以科研院所、大专院校为依托的科研总部基地，包括中国农业科学院、中国林业科学研究院、中国水利水电科学研究院，以及哈尔滨工业大学、西安交通大学、大连理工大学等多所院校和研究机构，并以院士工作站、工程技术研究中心、研发中心等科研机构为依托，多年的发展促使自主创新能力显著提升。鼓励建立企业自主研发、与高等院校和科研院所联合研发的新产品研发体系，继续推进哈尔滨工程技术大学等高等院校、中国安全生产科学研究院等科研单位与园区企业建立合作关系，先后设立中国工程院院士工作站、哈工大院士工作站、西安交大院士工作站，建立与国家安监总局信息研究院、国家安科院、中科院、中国矿大、哈工大、大连理工大学、东北大学和辽宁工程技术大学等单位间的科技合作关系。

五、强化安全产业政策扶持力度

北方安全产业园区在产品检验检测、质量标准认证、信息服务等方面为企业提供支撑和保障，符合营口自贸区管委会认定《国家重点支持的高新技术领域》导向的先进装备制造（含安全应急装备制造）等高新技术产业，对固定资产投资1亿元以上，且投资强度达到3000万元/公顷的企业，给予固定资产投资额不高于9.5%的（基础设施配套建设）补贴。自投产年度起，按其形成的地方财力，前两年给予80%的奖励，后三年给予40%的奖励。高科技人才个人收入形成的地方财力全部返还。建立种子基金和安全产业创新发展基金 4.1 亿元人民币，进一步完善支撑创新创业的金融服务功能，形成了"助保贷""履约保证保险"等安全产业创新融资新模式，提高金融对企业更好更快发展的支撑作用。

第三节 有待改进的问题

2018 年是营口市政府创建"中国北方安全（应急）智能装备产业园"四周年之际，发展安全产业、推进"中国北方安全（应急）智能装备产业园"建设还存在诸多短板，有待改进。主要表现在：

一是产业园区规模较小。产业集群效应不突出，企业规模不大，旗舰型企业不多，缺少在国际、国内有影响的龙头企业。

二是缺少品牌效应。园区内缺少有影响力的领军品牌，缺少产业关联度高、协同性强的龙头型、基地型企业，主导产品优势不突出，市场知名度不高，缺乏市场竞争力。

三是园区特色不明显。目前进入产业园区的企业存在区域分散、产品品类分散的状态，并未完全形成区位优势和产业集群，市场竞争力有待提升。

第十五章

合肥公共安全产业园区

第一节　园区概况

　　合肥高新区于 1991 年成为首批国家级高新区，2003 年与 2008 年两度被评为"先进国家高新技术产业开发区"。2015 年 12 月，凭借其对我国安全产业发展的标杆作用和对周围经济的强大带动作用，工信部、原国家安监总局正式批复合肥高新区成为我国首批国家级安全产业示范园区创建单位。这是继徐州、营口创建专业性安全产业园区之后，批准创建的全国综合性安全产业示范园区。近年来，合肥市安全产业发展迅猛，紧紧抓住国家大力发展安全产业的战略机遇，依托全国科教基地和科技创新城市的区位优势，以及区内雄厚的安全科研力量和成熟的安全产业基础，全力打造国际领先的国家安全产业示范基地。

　　以"领军企业—重大项目—产业链—产业集群—产业基地"为发展思路，加速发展公共安全产业园区。目前，安全产业已迅速发展成为高新区第二大产业，形成了显著的产业集聚和带动效应。据不完全统计，2018 年营业收入已超450 亿元，产业园区拥有企业超 250 家。园区内，以中电三十八所、量子通信、美亚光电、科大立安、四创电子等知名机构和企业为代表的产业集群主要从事交通安全、矿山安全、消防安全、电力安全、安全信息化五大类行业，研发生产了大量国际国内领先的安全产品。

第二节　园区特色

一、抢占先机优先发展公共安全产业

公共安全是国家安全的重要组成部分，是经济和社会发展的重要条件，是人民群众安居乐业与建设和谐社会的基本保证。未来，随着经济发展、社会进步和公共安全意识的提高，为了更好地预防和控制事故的发生、减轻事故灾难与自然灾害的危害，政府和企业的安全投入都将逐步增大，势必启动公共安全专用产品、技术和服务的有效供给。安全产业发展既要考虑现阶段实际，又要兼顾未来我国经济社会、安全发展的需要，其涵盖范围更多地向社会公共安全和国家安全扩展是必然趋势，而合肥抢占先机，率先建立公共安全产业基地。

园区建设在规划中，突出长三角城市群副中心的战略定位，形成覆盖长三角区域安全产业保障基地。全面落实"创新驱动"国家战略，深入推进中国制造强国战略等行动计划，形成全国最强的安全产品制造基地。在实施过程中，围绕大众创业、万众创新，推进安全产业技术突破及产业化。以引进和培育企业为重点，发展具有核心竞争力的骨干企业和"专、精、特、新"企业。积极搭建产业平台，量身打造支持政策，集聚创新资源，提升产业发展品质。

二、信息技术成为发展突出特点

合肥高新区以新一代信息技术应用为核心，加强前瞻部署，强化创新能力，主要是源于合肥市委、市政府对安全产业发展战略的高度重视和超前谋划，也是基于安全信息技术的发展前景，做出的一个综合预判和科学的考量。高新区以科技研发和人才引进为重点大力发展安全产业，目前已获得省部级以上奖项 325 个，多项成果位居世界领先水平。其中，国盾量子研发成果《多光子纠缠及干涉度量》获得国家自然科学一等奖；三联交通研发的《中国道路机动车交通事故主要预防技术研究及应用》获得了国家科技进步一等奖；中国电子科技集团第三十八所的合成孔径成像雷达（SAR）遥感成像技术处于世界先进水平，在淮河水灾监测、数字城市建设中得到成功应用；由国际领先的浮空器搭载的空中监测系统，成功应用于奥运安保和世博会，被誉为"世博天眼"；四创电子的应急指挥车已成功进入人防、公安、消防等公共领域，分布于 10 多个省市，占据整个市场份额的 60% 以上。

三、安全产业细分领域发展全面，带动力强

园区将信息技术的应用于创新作为产业链核心，将突发事件应急过程作为产业链条，全面发展安全产业。当前，安全产业覆盖了监测预警、预防防护、处置救援、安全服务四大核心环节，以及交通安全、矿山安全、消防安全、电力安全、安全信息化五大重点领域，并以此为基础，形成了一批市场开拓能力强、成长性较好的安全产品制造企业集群，具备了一定的比较优势和区域特色。此外，安全产业成长速度，复合增长率达到了 31.8%，已成为园区内第二大产业，为安徽省及合肥市的战略性新兴产业发展做出了极大贡献。强力的带动了合肥市及安徽省的战略新兴产业增长，企业的营业收入、税收等指标逐年递增，市场开拓能力也不断提升。据不完全统计，相关企业已超 240 家，从业人员 1.8 万人。

合肥公共安全产业园的产业链及骨干企业如表 15-1 所示。

表 15-1　合肥公共安全产业园的产业链及骨干企业

细分领域	骨干企业
监测预警	中电 38 所、博约科技、芯核防务、皖通科技、安泰科技、赛为智能、中科瀚海
预防防护	三联交通、国盾量子、天立泰、科大智能、科力信息、联信电源、南瑞继远、中新软件
处置救援	科大立安、成威消防、恒大江海、中电 16 所、工大高科、金联地矿、四创电子、倍豪装备
安全服务	惠洲灾害院、金星机电、皖化电机、泽众安全、联合安全、智圣科技、兆尹安联、通用研究院

四、产业创新步伐加快，部分领域取得重大突破

当前，工业 4.0、大数据、互联网+、物联网、云计算等在全球范围内掀起了新一轮科技革命和产业变革的热潮。合肥高新区大力发展安全产业，以新一代信息技术应用为核心，加强前瞻部署，强化创新能力建设，突破产业化瓶颈，在新一轮技术和产业革命中率先突破并产生协同效应，掌握了发展主动权。以数字化、信息化、智能化先进制造技术为突破口，促进安全产业实现高端化、智能化、服务化。

在政府部门、企事业单位的共同带动及努力下，2018 年，园区以科技研发促安全产业发展，在很多领域取得了突破性进展。目前已获得省部级以上奖项 325 个，多项成果位居世界领先水平。其中，预防防护类龙头企业国盾量子，研发的成果"多光子纠缠及干涉度量"获得国家自然科学一等奖；三联交通研发的"机动车交通事故预防技术"荣获国家科技进步一等奖，已应用于全国多

个城市交通防护；处置救援类龙头企业科大立安，研发的国内高大空间场所火灾救援装置已应用于全国超百个地标性建筑。

五、龙头企业综合实力不断提高，发挥示范引领作用

合肥高新区通过招商引资、自主培养等多种手段，在园区集聚了一大批安全产业企业，如中电38所、量子通信、新华三、四创电子、赛为智能、三联交通等龙头骨干企业，并通过细分行业龙头企业的带动作用推动产业整体发展。例如，监测预警类龙头企业中国电科38所，是国内著名的电子科研机构和供应商，拥有1600多项科研成果，其中国家级、省部级科技进步奖178项，主持或参与起草国家标准11项，与园区内四创电子及其旗下微博等公共安全类企业保持着良好的合作关系；预防防护类龙头企业国盾量子，其量子通信相关领域的专利数量位居国内第一、国际第五，同时与园区内中科大等科研机构有着紧密的合作关系；三联交通公司与科大讯飞、海康威视、安徽华脉、安徽计算机厂形成了上下游产业链，处置救援类龙头企业恒大江海，极大地带动了本园区内华耀电子、皖化机电等配套企业发展，积极打造产业合作平台，这种产用模式创新对产业发展起到了很好的示范作用。

第三节 有待改进的问题

一、园区安全产业结构优化需持续进行

目前，公共安全产业是合肥高新区的第二大产业，预期在 2020 年，产业规模将突破 600 亿元，还需要数年发展才能完成成为合肥市第七个千亿元产业的宏大目标。当前，园区内安全产业以低附加值产能为主，高附加值产能偏低，整体竞争力和经济带动能力有待提高。各行业领域、产业链各环节技术进步不均衡。从行业领域上看，防灾减灾、信息安全、交通安全等技术进度速度较快，综合水平较高；从产业链环节上看，在安全装备生产环节技术水平较强，与国外先进水平差距不大；但在原料加工、产业化应用、高端技术研发等方面较为落后。尽管合肥安全产业园内拥有行业内的龙头企业，但企业之间的专业分工和配套体系仍在培育初期，产业链中各环节的关联发展、协同增值效应尚未得到充分体现。

二、科技成果产业化进程有待加快

首先，科技含量有待提高。产学研互动性仍不强，"有技术没产业，有产

业没技术"，科研院所产业化动力不足，产业科技"两张皮"现象突出。部分科研新成果被束之高阁，没有及时转化为现实产品；现有公共技术服务平台和创新服务平台对安全产业尚未充分发挥作用。由于重大安全装备研制时间长、成本高，市场容量有限，企业往往不愿意加大这方面的投入。

其次，从人才分布结构看，高新区的科技工作人员主要集中在科研事业单位，企业科研工作人员比例较少，不利于企业科技创新能力的发展。而一些具有公共安全属性的科研事业单位，习惯了政府投资，为了争取扩大政府投资规模，形成了成本最大化的发展模式，即企业做大当年成本，政府以此为基础确定下一年度的资金需求计划。市场竞争的不充分会降低资金使用效率，进而影响或制约企业科研成果的市场转化。

三、高端人才缺乏，不利于自主创新能力提升

安全产业属于跨领域整合型的产业，涵盖范围几乎遍及各个领域。人才是自主创新能力提升的基础，而园区人才"留不住"的现象较为突出。尽管，2018 年合肥公共安全产业园中多项高精尖人才指标位于全省同级地区前列，但与北京、上海等发达地区相比，在吸引人才方面仍处于劣势，高级人才资源依然匮乏。特别是当前公共安全产业发展的科学性、专业性、系统性大大增强，急需一批能够开展跨学科研究的安全产业领域复合型人才。同时，与徐州安全科技产业园区相比，合肥当地的高校在安全产业领域的专业学科设置方面存在短板，应结合我国安全产业未来发展方向，适当对学科进行调节，还可通过设立培训学校、技术学院等方式培养专业性人才。

四、招商引资针对性差，不利于产业做大做强

近几年，合肥高新区由于资源、区位等因素，产业跨越式发展动力不足。如何提高招商引资精准度，增强项目建设的爆发力成为亟待解决的问题。如产业关联度高、带动性强、市场前景好的大项目招商难度较大，特别是相邻地区的项目竞争已经到白热化的地步，缺乏对大项目所需的资源配置，无法满足企业的要求。下一步应重点考虑加大招商引资力度，做大做强经济发展，把产业发展与经济发展结合起来，把做大存量和做大增量结合起来，把调整结构和优化产业结合起来，把加强管理和优化环境结合起来。

第十六章

济宁安全产业示范基地

第一节　园区概况

2017 年 1 月，工业和信息化部与原国家安监总局批准济宁高新区为"国家安全产业示范园区创建单位"，成为继徐州、营口、合肥之后全国第四家、山东省唯一一家获批单位，为高新区经济转型升级带来了重大战略机遇。2017 年 6 月，济宁市政府把高新区建设国家级安全产业示范园区上升为市级战略，把安全产业作为战略产业予以重点支持，在科技、人才、资金、土地指标等方面优先支持，并将安全产业纳入工业转型升级、振兴装备制造业、科技创新等优惠政策支持范围。2017 年 9 月，为贯彻落实创新驱动发展战略、加快进行动能转换步伐，高新区下发《关于推行"一区多园"管理体制改革的意见》，成立一区十园，十个园区全部实体化运营，主要职能为招商引资、项目落地、企业服务以及园区建设运营。整合辖区五个工业园区设立安全装备产业园，作为安全产业核心区，重点发展安全产业、智能装备制造业，同步承担国家安全产业示范园区创建工作。2017 年 10 月安全装备产业园开始正式运行。

济宁国家高新区创建于 1992 年 5 月，2010 年经国务院批准升级为国家级高新区，下辖 5 个街道，人口 25 万人，面积 255 平方公里，是国家科技创新服务体系、创新型产业集群、战略性新兴产业知识产权集群管理、科技创业孵化链条试点高新区及省级人才管理改革试验区、山东省科技金融试点高新区。当前，济宁高新区已进入"三次创业"、蓼河新区新时代，正加快建设全市乃至全省的新旧动能转换引领区、体制机制创新先行区、智慧城市建设示范区，确保在济宁市域内引领示范、走在前列，在国家高新区坐标体系中赶超跨越、争先进位。2018 年高新区新登记市场主体 5378 户，同比增长 38.68%，呈现出数量增长、规模增强的发展态势，为全区经济高质量发展提供强力支持。

2018 年，济宁高新区加强园区规划编制，突出规划引领。2018 年 5 月，济宁高新区又委托山东同圆设计集团有限公司开展空间布局规划，目前已完成三轮对接，空间规划对安全装备产业园现状用地进行了系统梳理，对园区企业进行了用地综合评价，结合产业规划制定了园区空间规划策略和方案。2018 年 6 月，济宁高新区发布高新区一区十园产业发展规划，针对安全装备产业园规划提出了建设"安全装备产业创新联盟、开发智慧安全整体解决方案、推进安全装备系列化招商、建设智能安全服务中心和应用推广安全技术装备"五大发展导向。2018 年 6 月，济宁高新区高新控股集团与安全装备产业园就国家安全产业示范园区创建工作开展对接，双方围绕园区定位、招商方向、产业规划、创建体制、政策争取等方面进行了深度沟通，明确了创建思路，形成了合作共建意见。

济宁高新区重视安全产业发展，积极争取各方支持。2018 年 4 月，市政府印发《济宁市新旧动能转换重大工程实施规划》，提出一极引领（济宁高新区）、五区示范、多点突破的总体布局，把高新区打造为全市新旧动能转换主引擎，把济宁高新区安全产业园建设列为主要突破点之一。2018 年 7 月，市安监局到济宁高新区对接国家安全产业示范园区创建工作，表示将全力支持济宁高新区建设我国中东部结合部国家安全产业示范园区，把园区做实做强。2018 年 9 月，济宁高新区带队参加了在合肥举办的全国安全产业座谈会并做典型发言，清华大学合肥公共安全研究院、北京万基泰科工集团、四川威特龙消防安全集团等多家单位与济宁高新区参会企业进行了初步合作对接。

2017 年高新区规模以上企业营业总收入 128 亿元，预计 2018 年将突破 180 亿元。在发展的同时，济宁高新区依托四大国家产业基地和山东省重要煤炭生产基地的优势，在工程抢险机械、应急通信装备和矿用安全产品等行业领域聚集了一批国内领先、示范引领性强劲的高新技术企业，为济宁市安全产业发展奠定了坚实的产业基础。截至 2018 年年底，高新区已经聚集安全产业相关企业 50 余家。山推推土机、小松挖掘机等工程机械产品在抗震救灾、抢险救援等工作中发挥了重要作用；省科学院激光研究所的"矿山安全光纤检测技术研发平台"获批国家安全生产科技支撑平台。英特力光通信、高科股份、科力光电、济宁能源等多个项目获批国家安全生产重大事故防治关键技术项目、山东省科技重大专项、山东省科技进步一等奖。

济宁高新区安全产业部分企业近两年的主营业务收入如表 16-1 所示。

表 16-1　济宁高新区安全产业部分企业近两年的主营业务收入

单位名称	主要产品	2017 年主营业务收入（万元）	2018 年主营业务收入（万元）	增长（%）
山推工程机械股份有限公司	推土机、装载机等	635080.0	460332.0（1—6 月）	
小松（山东）工程机械有限公司	挖掘机、矿用重型卡车等	240578.0	265631.0	10.4
浩珂科技有限公司	高强聚酯纤维网等	13829.0	18436.0	33.3
山东拓新电气有限公司	工矿机电设备等	5693.0	7341.0	29.0
济宁科力光电产业有限公司	光电保护装置等	4435.0	5180.0	16.8
济宁高科股份有限公司	矿灯等	2186.0	2299.0	5.2

资料来源：赛迪智库整理，2019 年 1 月。

济宁高新区将紧紧抓住国家加快安全产业发展的机遇，以经济社会发展对安全装备和服务的需求为导向，以科技创新、深化改革开放为动力，以增强安全产业创新能力为中心，以加快新一代信息技术与安全装备制造业、互联网技术与安全服务业的深度融合为主线，以推进智能安全应急装备制造和"互联网+"安全服务为重点，争创具有济宁特色的国家安全产业示范园区，努力把安全产业培育为全市重点战略性支柱产业。

第二节　园区特色

一、逐步完善产业体系

济宁高新区建成工程机械、光电信息、生物技术和纺织新材料 4 个国家特色产业基地和国家北斗产业化应用示范基地，惠普、甲骨文、IBM、小松、巴斯夫、台湾联电、华为等世界 500 强企业落地投资，如意科技、山推股份、英特力光通信、泰丰液压、浩珂科技、辰欣药业等一批骨干企业居全国同行业前列。

目前，济宁高新区基本形成了以应急救援、矿山安全、交通安全和安全服务为发展重点的安全产业体系。在应急救援方面，以大型工程机械制造和应急通信技术为基础，以信息技术在应急救援装备制造业的应用为主要发展方向，形成以山推推土机、小松挖掘机、英特力应急通信指挥车、赛瓦特应急发电机组为代表的应急装备产业集群；在矿山安全方面，以矿山安全装备制造为基础，以矿山物联网技术与装备为主要发展方向，形成以巴斯夫高分子化学注浆材料、浩珂科技高强聚酯纤维网、捷马矿山支护设备为代表的矿山安全产业集群；在交通安全方面，以北斗卫星定位技术和光电保护技术为基础，以智能交通安全装备和轨道交通安全装备为主要发展方向，依托山东省科学院激光研究所、山东大学、中铁隧道科学研究院、济宁科力光电产业有限责任公司等单位，形成交通安全智能感知和调控系统、安全光栅、光电保护器等产品为代表的交通安全产业集群；在安全服务方面，以惠普等信息产业领军企业的强大实力为基础，以安全服务与信息技术产业的融合发展为主要方向，依托惠普、甲骨文、软通动力、济宁永安安全生产科技研究院等单位，形成了以安全软件服务、安全信息化服务、安全生产大数据服务、安全宣教培训服务等为主的安全服务产业。

二、注重内生项目培育，加强产品创新研发能力

济宁高新区积极跟进上级有关政策，把握发展导向积极引导，通过内生项目支持和招商引资积极培育壮大安全产业，安全产业发展已经全面起势，产业规模和聚集度正在快速发展，创新研发能力不断加强。

规模企业持续加大研发力度，促进产品高端化发展。拓新电气荣获 2018 国家高新区瞪羚企业，其矿用大功率智能压裂机变频器项目已经完成样机制作，正在批量生产，2019 年上半年启动新生产线建设。山推股份 SD32 大马力推土机和科力光电 LS 型激光雷达入选 2018 山东省首台套技术装备。近两年，山推股份加大对推土机产品技术的创新力度，在挑战国际顶尖技术的同时引领国内推土机的发展方向，产品多次参与国家抢险救灾和应急演练，科力光电对研发的持续投入和产学研合作的积极探索，在光电安全保护装置方面已经拿到国际最高标准。浩珂科技 2018 年主导承担了《矿用聚酯纤维柔性假顶网》行业标准编写，其矿用新材料产业园项目预计 2019 年一季度开工建设。英特力公司荣获"2018 中国应急管理信息化方案案例创新奖"，其自主开发的产品消防应急指挥车圆满完成了 2018 央视春晚济宁曲阜分会场消防安保任务。精锐工程机械于 2017 年下半年着手进军安防领域，与同方威视合作启动智慧安检查验设备制造项目，调整生产结构，目前主要产品已经从工程机械配套件调整为高科技含量的智慧安检查验设备，产品在 2018 年上合青岛峰会重大活动期间得到大规模应用，预计每年产量将以 30% 增速发展。

以推进重点项目落地为着力点，加快产业壮大升级。济宁高新区从全面支撑项目落地出发，提升产品供给能力、促进安全产业集聚发展。2018 年，众多项目完成前期工作，如开源重工挖掘机总装项目已经完成供应商整合、厂房基

础布局和设备安装调试，于2019年一季度全面投产，进一步提升济宁高新区应急救援装备整机生产能力；总投资5亿元的山东鑫六合安全产业项目于2017年11月签约，目前正在主体施工，已完成2座生产车间建设，2019年将部分投产并完成实验楼、办公楼建设；总投资36亿元的新一代水基环保型消防器材项目于2018年8月签约落地，建成后可实现年销售额300亿元，利税75亿元，目前项目正在场地装修和人员招聘，预计2019年一季度投产；总投资5亿元的济宁安全应急产业园项目已经达成合作意向和初步选址，项目占地60亩，建设济宁安全产业技术研究院和工业级安全无人机、物联网和机器人三大智造基地，项目建成后将形成产值在100亿元以上的安全产业区域性集群。

整合平台资源，为科技创业企业提供从科技项目到产业转化的全链条培育支撑。2015年，济宁高新区创业中心获批科技部第三批"苗圃—孵化器—加速器"科技创业孵化链条建设示范单位，成为山东省第二家获批建设科技创业孵化链条单位。依托高新区良好的政策支持和创业环境，创业中心不断创新举措、提升服务水平、扎实推进孵化链条各项建设工作，已经建成了一套能够满足不同成长阶段的科技企业需求的孵化体系，为科技企业提供全方位、多层次和多元化的一条龙服务。在对区内孵化器、众创空间和在孵企业情况全面掌握的前提下，积极引导推进够体量、潜力大的创业项目导入专业化产业园区发展。借助平台载体，近三年来创业中心为科技创业企业引进、培养高层次人才，协助争取省级以上科研产业项目，达成省级及以上产学研合作，有力提升了企业的自主创新实力。同时，创业中心协助搭建起微生物工程技术研究中心、增材制造与设计验证中心等15个技术平台和研发中心资源。2018年6月，在首批山东省瞪羚企业（含示范企业和培育企业）的名单中，创业中心加速器企业山东广安车联科技股份有限公司也在其中。2018年1—7月，累计导入产业园区的项目已达8项，在有效实现对创业孵化空间资源的循环利用的同时，也拓宽构建了从项目初选到产业化发展的全链条一体化创业孵化服务体系。

三、多方位优化营商环境，系统推进配套建设

在政策方面，2018年，济宁高新区陆续出台了《济宁高新区关于进一步促进招商引资的若干政策》《关于鼓励企业科技创新实现高质量发展的若干政策规定》《关于扶持企业上市挂牌的若干意见》《关于建设蓼河英才港的实施意见》《济宁高新区大学园人才公寓管理办法》《济宁高新区2018推进放管服改革实施方案》《济宁高新区营商环境投诉举报奖励制度》等系列政策文件，从双招双引、科技创新、金融支持等各方面各环节积极营造最优政策环境。

在基础建设方面，截至 2018 年年底，安全装备产业园内 6.8 万平方米的恒信公馆住宅区主体已全部封顶，西浦路（崇文大道—临荷路）改建工程建成通车，科技新城中学项目主体封顶，占地 1000 亩的景云湖水库湿地开挖，育才高级中学项目正在办理前期手续等。以上配套目标全部制定了挂图作战计划，明确了责任单位和责任人，各项目正按照计划有序推进。

在配套服务方面，2018 年，园区紧紧围绕高新区打造新旧动能转换增长极的任务目标，围绕项目促发展，开展大走访帮助企业解决难题，助推企业实现快速发展，积极引导企业投身高新区"三次创业"热潮，提出通过"保姆式"服务促新项目落地，为项目签约到投产整个过程做好服务。随着园区"保姆式"服务的有序开展，2018 年，安全装备产业园共有包括汇金智能挤出设备项目、中泰食品加工配送项目等在内的 5 个项目成功签约，鲁抗二期、融都二期等 8 个项目开工建设，天虹纺织差别化纤维项目、松岳建机项目等 5 个项目建成投产，为园区发展注入新动力。

第三节　有待改进的问题

一、产业规模相对有限

济宁高新区内安全产业总体规模较小。从济宁高新区经济总量看，2018 年营业总收入超过 3000 亿元，其中，安全产业所占比例较小，与全国同类安全产业园区相比仍有较大提升空间。2017 年，合肥高新区安全产业营业收入超过 450 亿元，徐州高新区安全科技产业产值约 410 亿元。从济宁高新区的安全产业总体规模看，其安全产业的发展还处于积蓄力量阶段。从项目建设情况来看，多项重大项目仍处于前期建设阶段。从企业规模看，工业产值超过 10 亿元企业 2 家，仍需继续培育形成一批具有行业影响力的规模企业，加快科技成果转化，积极培育优势成长型企业，加速创新型中小企成长，提高产业集聚程度。

二、安全产业科技创新支撑体系有待拓展

济宁高新区内拥有百余个省级以上研发平台，2017 年，围绕园区主导产业，建有各类科技创新载体平台 310 多家，在技术研发、科技支撑、共享空间和信息交流等方面提供了公共服务平台。但总的来看，对于安全产业，具有针对性的研发平台体系还有待拓展，现有公共技术服务平台和创新服务平台如何对安全产业发挥作用还有待探索和挖掘。另外，济宁高新区内拥有百余家高新

技术企业，与多所高校和科研机构建立了合作，形成了一系列创新成果，但针对安全技术和创新方面具有优势的高校相对较少，园区内的科技支撑相对薄弱。

三、产业合作和对外交流仍需加强

济宁高新区安全产业示范园区对外交流合作仍需加强。目前园区缺少全面展示安全产业发展成果、扩大济宁高新区市场影响的活动。缺少创新的市场营销模式和安全产业交流特色平台，增进产业技术、信息、人才等要素的交流，开拓国际市场，提升济宁高新区安全产业整体形象。仍需开展多层次、多渠道的对外宣传，宣传展示济宁高新区发展安全产业的突出优势，吸引优质产业资源，打造安全产业资源集聚区。

第十七章

南海安全产业示范基地

第一节 园区概况

截至 2017 年年底,安全产业规模据估计逾 175 亿元,占全区工业总产值达2.5%以上,预计在 2025 年,南海区实现产值 600 亿元,年复合增长率约达到16.65%。目前南海区安全产业中安全产品制造业占比较高,约为 70%以上,产值约为 122.5 亿元。2018 年 11 月 12 日,位于南海区的粤港澳大湾区(南海)智能安全产业园正式被工信部、应急管理部授予国家安全产业示范园区创建单位称号。现在,依托南海区信息技术和智能制造方面的雄厚产业基础,南海区已初步形成以智能安全技术产品与服务为发展重点,力争建设世界知名的安全产品、技术、服务展览展示中心,积极组织申办中国安全产业大会和安全装备博览会;扶持建设安全产业公共服务平台,大力发展服务型制造,加快安全技术成果转化能力;继续扩大先进安全技术"引进来"和产品"走出去"的整体规模,积极发挥多渠道促进作用,不断改善贸易自由化便利化条件。

总体看来,南海区安全产业企业规模主要以中小型企业为主,近年来通过创新创业等招商政策吸引企业落户,企业数量不断增加,目前南海区与安全产业相关的企业数量达千家,具备一定规模的企业(产值 500 万元以上)约为 200家,其中大部分为中小型企业。南海区安全产业已经在机器人制造专用安全产品、车辆专用安全装备、城市安防类产品、新型材料、电子电工及机械机电类安全产品、应急救援类产品、信息安全、安全服务等领域具备一定产业基础。南海区重视产业创新及转型升级,2017 年全区高新技术企业数量为 950 家,拥有省级工程技术研究开发中心 187 家,市级工程技术研究开发中心 282 家,区级工程技术研究开发中心 392 家。其中安全产业相关企业重视技术研发资金投入，在各自所属领域形成技术领先优势。

南海区各镇街 2017 年基本情况如表 17-1 所示。

表 17-1　南海区各镇街 2017 年基本情况

镇街名称	2017 年地区生产总值（亿元）	规模以上工业总产值（亿元）	2017 全国综合实力百强县市排序
桂城街道	535.45	360.26	—
狮山镇	1002.80	3677.57	第二名
大沥镇	402.85	576.21	第十一名
里水镇	340.02	340.02	第十二名
西樵镇	173.24	311.72	第二十八名
丹灶镇	121.35	249.81	第七十二名
九江镇	116.42	281.54	第七十三名

第二节　园区特色

一、政府对安全产业重视程度高

政府对安全产业高度重视，各项优惠政策落到实处。2017 年 9 月，南海区安全生产技术服务集聚区启动建设，其中国家级、省级共三个平台在南海落户，同时启动南海区安全生产"4+2"工程。南海区政府多措并举为创新型企业发展铺平道路，助力安全产业转型升级，往高端化、技术化方向迈进。一是通过区域高质量定位来吸引创新型企业。二是通过金融扶持政策鼓励高科技企业入驻。三是重视专利发明的保护和知识产权的扶持。另外，南海区政府建设了知识产权服务平台，旨在扶持知识产权培训扶持项目。目前政府正在着手出台《佛山市南海区关于促进安全生产技术服务业发展和集聚的扶持奖励办法》《安全生产服务产业集聚区补助办法》，预计将对入驻企业给予租金 50% 的优惠补贴，鼓励中小企业落户，为南海区安全产业发展高端技术在政策上予以支持。

二、地理位置创造有利条件

智能安全产业园区位优势利于产业发展。南海区交通便捷，在航空、轨道、公路以及航运方面都具备优势，利于人才技术汇集，同时也对安全产品外运提供了便利条件。依托粤港澳大湾区的政策红利，南海区的外向型经济特点显著。由于具备天然的地域优势，南海区的安全产品运输条件得天独厚，可成为粤港澳大湾区的安全产业集聚地，同时通过水路运输、空运等方式向海外周边国家出口，成为我国安全产业的对外交流窗口。南海区临近"一带一路"重要节点，同时把握粤港澳大湾区政策红利，南海区安全产品市场辐射面广，市场需求量大，市场潜力有待深挖。一方面，粤港澳大湾区的加速建设为安全产业转型升级创造了良好机遇。由"9+2 城市群"组成的粤港澳大湾区将推动泛珠三角区域向更广范围、更高层次、更深领域发展，将辐射半径扩展至东南亚国家。另一方面，广州是"一带一路"重要节点，与其临近的南海区与沿线国家已经建立了密切的外贸伙伴关系。

三、安全产业集聚利于产业发展

南海区安全产业已初步形成规模。一方面，南海区政府为产业集聚提供助力。南海区政府于 2017 年开始打造安全生产技术服务集聚区，分别是位于丹灶镇的粤港澳大湾区（南海）智能安全产业园以及地处桂城的瀚天科技城 B 区，力求打造安全生产产业全链条。其中，粤港澳大湾区（南海）智能安全产业园的规划面积为 100 万平方米，总投资约 40 亿元，以联东 U 谷产业为载体，预计引进 300 家至 500 家优质安全产业企业和机构入驻，致力于将安全产业与智能化、信息化、大数据加以结合，同时设置专业技术研究院进行人才培训、技术研发以及产品检测等服务。

四、创新政策助力外来企业落户

南海区政府多措并举为创新型企业发展铺平道路，助力安全产业转型升级，往高端化、技术化方向迈进。一是通过区域高质量定位来吸引创新型企业。目前佛山市正着力打造"一环创新圈""1+5+N"区域创新平台体系，其中南海在建设发展"南三"产业合作区、三龙湾高端创新集聚区以及南海电子信息产业园中发挥重要作用。二是通过金融扶持政策鼓励高科技企业入驻。2018 年，南海区政府出台《佛山市南海区人民政府关于推进"区块链+"金融科技产业发展的实施意见》，推进实施五大举措，包括出台 1 个产业扶持政策、搭建多个产业服务平台、打造 1 个产业集聚地、引导设立多个产业发展基金、推动多项技术成果转化和应用。三是重视专利发明的保护和知识产权的扶持。重视新产品及新技术的所有权，从而吸引更多高新技术企业。

五、市场辐射面广，行业前景广阔

南海区安全产品市场辐射面广，市场需求量大，市场潜力有待深挖。一方面，粤港澳大湾区的加速建设为安全产业转型升级创造了良好机遇。由"9+2城市群"组成的粤港澳大湾区将推动泛珠三角区域向更广范围、更高层次、更深领域发展，将辐射半径扩展至东南亚国家，目前粤港澳大湾区的GDP总量已达到 1.38 万亿美元，通过创新驱动和城市转型发展，大力推动高科技创新企业落户，为智慧安全产业发展提供了土壤，同时也为工业机器人、新型安全材料、信息安全等高科技安全产品带来更加广阔的市场。另一方面，广州是"一带一路"重要节点，与其临近的南海区与沿线国家已经建立了紧密的外贸伙伴关系。大部分沿线国家处于不发达状态，对建设发展需求极高，其中包括基础设施建造、装备制造、信息安全、电站建设，而南海区在智能工业制造及管控装备方面已具备深厚基础，可成为"一带一路"沿线国家进口安全产业产品的集聚地。

第三节　有待改进的问题

一、产业链核心环节有待加强

南海区安全产业已有部分基础，但尚未形成规模。一方面，由于安全产业细分市场存在于各领域及各行业，目前南海区尚未有官方指导目录对该产业产值进行详细统计，从而未对安全产业定下发展目标，另外也缺少细化分解的可操作细则对此加以推动。在推进《关于促进安全产业发展指导意见》时，存在政策落实与需求之间的差距。而在各细分领域，尚未出台促进安全产业细分市场发展的针对性政策，如汽车主动安全产品需落实《中共中央、国务院关于推进安全生产领域改革发展的意见》(中发〔2016〕32号)，其中要求"两客一危"车辆强制安装防碰撞系统，南海区需进一步加强对中央政策的落实力度，在安全产业各细分领域出台政策加以扶持。另一方面，南海区安全产业的产业链核心环节相对薄弱，导致产业基础稳固性调低。安全产业企业主要集中在产业链的生产制造环节，而上游的设计、研发和下游的市场、售后服务等环节都比较薄弱。

二、产业缺乏龙头企业起引领作用

目前，南海区安全产业以中小企业为主，在各细分领域缺乏而且尚未有国际一流的安全产业巨头入驻，无法发挥引领、带头作用，产业集聚效应仍未形成。另外，南海区现有安全产业链上下游、互补等关联性不明显。资金和后发技术的优势难以充分体现，同时产业的集中度和科技水平较低，严重减缓发展速度，阻碍了企业中间的竞争与合作。另外，南海区的安全产业企业之间关联较弱。如机器人制造行业内的多家企业，相互之间缺乏关联与合作，企业之间多相互独立，政府应促进企业间互联共同，通过重大项目合作进行技术交流，可以快速突破核心技术研发的瓶颈。

三、人才缺口减缓产业发展进程

安全产业涵盖范围广泛，属于整合型跨领域的综合性产业。人才对自主创新能力提升至关重要，南海区在吸引人才方面，与广州、深圳等发达地区相比仍存在较大差距，特别是安全产业专业及高级人才资源相对匮乏。为高精尖人才创造有利条件，以引进国内外安全产业领域复合型人才是南海区发展安全产业发展的高效驱动要素。如在位于狮山的佛州高新区，文娱设施相对于桂城较为落后，安全产业高科技企业及研发机构难以吸引领域内专业人才在本地落户。同时，高校在安全产业领域的专业学科设置方面存在短板，应结合南海区安全产业的未来发展方向，适当对学科进行调节，还可通过设立培训学校、技术学院等方式培养专业性人才。

企 业 篇

第十八章

杭州海康威视数字技术股份有限公司

第一节　总体发展情况

一、企业简介

杭州海康威视数字技术股份有限公司（股票代码：002415，以下简称"海康威视"），是一家以视频为核心的物联网解决方案提供商，服务范围包括大数据、安防产品以及可视化管理平台，业务涉及全球各领域。海康威视以研发创新为企业立足之本，研发投入连年占企业销售额 7%～8%，同时在国内设有五大研发中心。在 2016 年获得知名媒体 a&s《安全自动化》"全球安防 50 强"首位的佳绩后，2017 年蝉联第一。在人工智能与云计算发展的浪潮中，海康威视加速布局，基于云边融合的技术，以视频为核心来架构智能物联网，推出 AI CLOUD，持续探索智能安防领域的新需求，依靠技术创新成为安全产业的领头企业。

杭州海康威视数字技术股份有限公司自 2001 年 11 月创业至今，经过 15 年艰苦经营，在 2016 年市值已达 1453 亿元，在公司原始投资的基础上价值增长 29060 倍。2017 年 10 月，海康威视的市值达 3300 亿元。公司秉承创新科技发展的经营理念，致力于不断提升视频处理技术和视频分析技术，面向全球客户提供优质的监控产品、技术及完整的安全服务，为确保客户持续创造最大价值，奠定了国内监控产品供应商的领先地位。

自公司创立以来，海康威视不断发展壮大，从一个来自中国电子科技集团公司第五十二研究所仅有28人的创业团队起步，发展到今天拥有18000多名员工的上市公司，从只有500万元注册资本的一家普通音视频压缩板卡公司，成长为一个坐拥百亿元规模，技术产品涵盖视频监控、门禁、报警、平台软件等综合性的安防产品及完整优质的安全产品服务的行业龙头。海康威视以每年超过40%的营业额和年利润复合增长率迅猛发展，据权威市场调研机构IHS发布的报告，2017年6月，海康威视占全球视频监控市场份额的21.4%，至此连续六年位列全球第一。逾1500亿元市值的行业龙头企业不仅牢牢站稳中国市场巨头地位，而且雄霸世界。

海康威视在创业的道路上不断飞跃，作为全球视频监控数字化、网络化、高清智能化的重要推动者和开创者，一年一个飞跃，足迹可寻。在2006年，海康威视就已开启公司智能分析技术的研发；于2012年，率先提出了iVM（智能可视化管理）新安防理念；2013年，大胆提出HDIY理念，超前倡导定制高清；2014年启动深度技术布局，正式成立海康威视研究院，致力于感知、智能分析、云存储、云计算及视频大数据等领域的科学研究，同年全力推出4K监控系统，激活IP高清可视化应用系统；2015年，引爆IP大时代，促进IP的普及，同年斩获多目标跟踪技术MOT Challenge测评结果，以及车辆检测和车头方向评估算法在KITTI测评结果世界第一的称号；2016年，海康威视预告SDT安防大数据时代的到来，站在安防变革的前沿，再次领跑行业提升和产业迅猛发展，同年在PASCAL VOC视觉识别竞赛中目标检测任务排名第一，并刷新世界纪录，竞赛成绩超过第二名微软4.1个点，在ImageNet 2016场景分类任务中排名世界第一；2017年，在ICDAR8 Robust Reading竞赛的"互联网图像文字""对焦自然场景文字""随拍自然场景文字"三项挑战的文字识别任务中，更是大幅超越国内外参赛团队获得冠军。

海康威视自2007年开始，投入巨大的精力和资金尝试经营自主品牌，通过10年的积累和沉淀，海康威视的自主品牌赢得了欧美等发达国家的认可，以运营为突破口，实现了海外市场的高速增长，自收购英国老牌报警公司SHL（Secure Holdings Limited）起，海康威视迈出了布局全球市场的重要一步。海康威视的海外版图不断扩张，从2005年美国设立的分公司开始，海康威视先后设立了23家海外子公司，全球性营销体系初具成型，研发的产品远销100多个国家和地区，奠定了全球市场领先者的竞争地位。海康威视海外开疆辟土的十年，经历了国际化1.0"走出去"到国际化2.0"本地化"的艰辛过程，截至目前，海康威视陆续在全球120多个国家和地区注册商标，拥有海外自主品牌占有率80%之多。

二、财年收入

2015—2017 年海康威视财务情况如表 18-1 所示。

表 18-1   2015—2017 年海康威视财务情况

年份	营业收入情况		净利润情况	
	营业收入（亿元）	增长率（%）	净利润（亿元）	增长率（%）
2015	252	46.6	58	25.7
2016	319	26.3	74	26.1
2017	419	31.2	94	26.3

数据来源：赛迪智库整理，2019 年 2 月。

第二节　主营业务情况

从 2016 年的全球市场份额来看，海康威视在行业中处于前列，市场份额继续提升。视频监控设备市场发展迅猛，海康威视凭借实力在全球网络视频监控设备市场的份额达到了 18.9%，同 2015 年的第二名相比，提升了 5.9 个百分点。此次在 EMEA 市场（欧洲、中东、非洲）海康威视荣获第二名，拥有整体市场 9.2% 的占有率。

海康威视在国内市场继续推进"行业细分、区域下沉"策略，加大对用户端投入力度，行之有效地实行解决方案营销和顾问式销售；坚持围绕用户需求，完善提高服务能力，建立和完善更加贴近用户的营销网络和服务体系。继续畅通国内渠道，通过不断推进产品标准化和市场透明化策略，争取优秀的渠道合作伙伴加盟，通过加强销售监管力度，使渠道市场更加规范，形成行业有序竞争和健康发展的利好局面。

海康威视在海外市场收购了英国报警公司 SHL 及其旗下的 Pyronix 品牌，使报警业务产品线得到补充，以便获取更多销售渠道。公司陆续在哈萨克斯坦、哥伦比亚、土耳其新设 3 家子公司，又在泰国、印尼、阿联酋新设 3 家办事处，海外市场不断扩张，分支机构新增至 28 家，使海外销售网络进一步完善，销售本土化和技术支持与服务本土化策略得到更好的贯彻实施，海外公司从 SMB 市场向项目市场纵深发展。

第三节　企业发展战略

一、创新驱动，激励人才

海康威视在智能安防应用领域始终处于领跑地位，除了对市场发展趋势敏锐的洞察和精准的前瞻性，更主要的是因为有站在技术研发前沿的强大创新精英团队，得益于始终坚持的自主创新是一切工作核心的原则，海康威视现有18000多名员工，专业人员有14000人，而从事科技研发的科研人员就有8000人以上，每年公司科技创新投入一直占销售收入的8%左右，2017年上半年的研发投入已达14.54亿元，投入占销售收入比重达8.8%（见表18-2）。

表18-2　海康威视研发费用

时间	2017年上半年	2016年上半年	2015年上半年	2014年上半年
研发投入（亿元）	14.54	9.68	7.55	5.68
同比增幅	50%	28.6%	32.99%	62.61%
占收入比例	8.8%	7.7%	7.7%	9.4%

数据来源：海康威视，2019年2月。

建立激励机制。为有效激发员工的创新潜力、留住人才，2016年海康威视内部正式启动了《核心员工跟投创新业务管理办法》，本办法实施使一大批核心员工和技术骨干成了与公司利益共享、风险共担的"合伙人"，将员工切身利益与公司整体利益紧密捆绑在一起。除此之外，公司还设有特别贡献奖、技术创新奖、关键岗位人才培育等20多项奖励项目。激励机制的建立，全方位地促进公司人才的成长、能力的提高和创新活力的激发。

二、市场导向，完善服务

海康威视一贯秉承"产品的质量是企业的生命"这一宗旨，始终将为广大客户提供优质过硬的安防产品和服务，持续为客户创造最大价值成为一切工作的重中之重，放在企业发展的首位，正是这种坚持海康威视才赢得了市场。"可靠性优先"的原则就是海康威视市场发展的生命，这条被视为生命的原则贯穿市场调研、科学考量，建立了一整套行之有效的质量保障控制体系。为确保公司产品始终站在品质高端，产品一旦推向市场都要按照 ISO 9001:2000 质量管理体系，通过严格的科学测试，方能流向市场。只有通过 UL、FCC、CE、CCC、C-tick 等测试认证之后的产品，才能获准投放市场。

"以市场为导向"是海康威视成长壮大的制胜法宝之一。三级垂直服务体系的建立，本地化服务等一系列举措的有效实施，极大地缩短了产品端与客户的距离，2016年海康威视继续完善并大力推进"行业垂直到底、业务横向到边"的业务发展策略，为客户不断提出有针对性的解决方案，提升公司销售市场的竞争力。随着客户对视频应用大量需求和期望值加大，促使传统安防厂商在单一安防产品的基础上集成更多的功能、大量应用场景，同时产品又加注了安防和业务管理的目的，安防行业的边界越来越模糊，行业间的协作势在必行。为了使全球客户能够得到全方位的服务，海康威视创建了为客户贴心服务的电子化流程，公司为了很好地贯彻服务"家庭安全"与"企业安全"的理念，在 notes 平台建立了流向市场的产品所涉及的各个职能部门的全电子化流程，使客户随时通过这个平台对相关产品进行咨询，提出要求，并会在第一时间得到满意解答和及时处理。

三、放眼长远，加速布局

安全防护行业经过 30 多年的发展，步入了转型期，开启了智慧安防时代。传统意义的安防企业已不能满足现代经济发展的需要，拥抱"互联网+"，跨界与多个行业的融合已是安防企业发展的必然趋势。云存储、数据可视化、智能分析等新兴领域早已成为海康威视下一个扩张的"风口"。

海康威视从 2014 年起，瞄准"新领域"，开始下一轮布局，同年 8 月，海康威视携手乐视网，建立了战略合作伙伴关系，拟在云服务、智能硬件、视频等方面深入合作；同年 9 月，海康威视牵手阿里云，开启了物联网与互联网融合模式。2016 年年初，凭借在图像传感、人工智能等领域的常年技术积累和自主创新的实力，海康威视又大力推出"阡陌"智能仓储系统，由机器人开启"货到人"这一颠覆传统仓储的新型作业模式。同年又推出了 AI 产品，又陆续发布了"深眸"摄像机、"超脑"NVR、"脸谱"人脸分析服务器等系列产品。公司产品不断推陈出新，星光＋、黑光、鹰眼等高端产品陆续问世。同年6 月，海康威视以大手笔 1.5 亿元的注册资金成立的杭州海康汽车技术有限公司，在杭州滨江区落户，致力于车用电子产品及软件、汽车电子零部件、智能车载信息系统等业务，海康威视宣告正式进军汽车电子行业市场。

第十九章

徐州工程机械集团有限公司

第一节　总体发展情况

一、企业简介

徐州工程机械集团有限公司（股票代码：000425，以下简称"徐工集团"）是中国最大的工程机械开发、制造和出口企业，是全球矿业装备行业的重要参与者，市场认知度和品牌价值较高。公司围绕着"成为全球信赖、具有独特价值创造力的世界级企业"愿景，秉承着创新、挑战、担当、融合的品牌精神，2017 年营业收入接近千亿元世界级目标，达到 951 亿元，始终保持着行业首位。徐工集团坚持创新驱动和"走出去"战略，深耕工程机械主业，积极参与国际市场竞争，打造产品全生命周期的智能服务和产业链协同实力，是行业内唯一同时获得"智能制造试点示范"和"工业互联网应用试点示范"两项荣誉的企业。

徐工集团成立于 1943 年，自 1957 年开始涉足工程机械产业以来，始终保持中国工程机械行业排头兵的地位，2017 年年底总资产达 920 亿元，职工 24000 余人，居世界工程机械行业第 7 位，连续 28 年居中国工程机械行业第 1 位，中国机械工业百强第 2 位，中国 500 强企业第 353 位，中国制造业 500 强第 81 位，是中国工程机械行业产品品种与系列最齐全、规模最大、最具竞争力和影响力的大型企业集团，也是唯一跻身世界工程机械行业前 10 强的中国企业。2017 年 12 月，习近平总书记深入徐工集团考察调研，充分肯定徐工的成功经验和业绩，并勉励徐工集团要着眼世界前沿，努力探索创新发展的好模式、好经验，勇当中国产业发展、制造业发展和实体经济发展排头兵，为国家

"两个一百年"奋斗目标做出新的贡献。

技术创新是徐工集团在全球市场制胜的重要砝码。徐工集团各项主要指标多年保持中国工程机械行业第 1 位，对全球工程机械行业革新也产生重要影响。其中，百米级亚洲最高的高空消防车、12 吨级中国最大的大型装载机、第四代智能路面施工设备、四千吨级履带式起重机等都是代表中国乃至全球先进水平的产品。目前，在技术创新上徐工集团拥有有效授权专利 5669 项，其中授权发明专利 1088 项，PCT 国际专利申请 60 件，其中 20 件取得国外授权。

在全球产业链转移背景下，徐工集团注重开发海外市场，积极实施"走出去"战略，在北美和欧洲投资建立了全球研发中心，在巴西投资建设辐射南美的制造基地，在"一带一路"沿线国家和地区投资设立了合资公司，并于 2018 年年初开始运营位于肯尼亚首都内罗毕的第一个直营区域备件中心。在全球市场建设中，逐步形成涵盖 2000 余个服务终端、5000 余名营销服务人员、6000 余名技术专家的高效网络，产品销售网络覆盖 178 个国家和地区。为了给用户提供全方位、一站式、一体化的服务，徐工集团在全球建立了 134 个海外服务及备件中心，拥有 120 家一级经销商、134 家海外服务备件中心、58 家海外分公司、办事处和 8 大制造基地。2017 年徐工集团年出口额近 10 亿美元，同比涨幅近 90%，出口总额和增幅均超越同行。在亚非拉市场，徐工集团已实现了对国际品牌的超越；在"一带一路"沿线，徐工集团销售额占比达 72%，产品已覆盖沿线 57 个国家，其中在 30 个国家出口占比率第一；在欧美高端市场，实现向美国批量出口压路机、挖掘机，并与美国租赁大客户签订 6.5 亿订单；在印度、巴西等新兴市场占据先发优势。目前，徐工集团大吨位压路机、汽车起重机销量居全球首位。9 类主机、3 类关键基础零部件市场占有率居国内第 1 位；5 类主机出口量和出口总额持续居国内行业第 1 名。

在"千亿元、国际化、世界级"战略愿景的指引下，徐工集团先后获得过行业唯一的、中国工业领域最高奖——中国工业大奖和全国五一劳动奖状，以及国家科学技术进步奖、国家技术中心成就奖、第十四届全国质量奖，以及国家首批、江苏省首个国家技术创新示范企业、全国先进基层党组织和装备中国功勋企业等荣誉称号。在中国制造强国战略引领下，徐工集团以创新、变革推动企业发展，在高端化、成套化、智能化、大型化上不断进取，已成为全球工程机械产业产品线最长、品类最全的制造商。

2017 年，徐工集团按照"一二三三四四"战略指导思想体系，围绕转型升级主线，按照有质量、有规模、有效益、可持续的"三有一可"发展理念，全面提升企业资产质量、盈利能力和核心竞争力，年主营收入、出口收入、利润同比大幅增长。2017 年年底，徐工集团融资 41.56 亿元定增引进战略投资者项目获中国证监会审核通过，为公司新一轮增长提供动力支持。

二、财年收入

2015—2017 年徐州工程机械集团有限公司财务情况如表 19-1 所示。

表 19-1　2015—2017 年徐州工程机械集团有限公司财务情况

年份	营业收入情况		净利润情况	
	营业收入（亿元）	增长率（%）	净利润（亿元）	增长率（%）
2015	739	−8.5	1.1	−89.1
2016	771	4.3	1.8	72.1
2017	951	23.4	8.2	350.4

数据来源：赛迪智库整理，2019 年 2 月。

第二节　主营业务情况

徐工集团从传统单一的兵工、农用设备发展至今，已拥有工程起重机械、挖掘机械、铲土运输机械、桩工机械、矿用工程机械、混凝土机械、汽车及专用车机械、道路机械、消防应急机械、环卫机械等 14 大门类产品。徐工集团提供各类具备世界级技术水平的重大装备，有效保障了重大工程施工安全、国家消防安全、国家国防安全和国家应急救援安全。矿用机械、挖掘机械、道路机械、消防机械是徐工集团安全产品集中的领域。

作为中国安全产业协会矿山分会的常务理事单位，徐工大型矿山挖掘机、装载机市场占有率均居国产品牌第一位。按照"机械化换人、自动化减人"要求研发的煤炭掘进机、大吨位矿山机械及盾构等装备大吨位矿山机械及盾构、煤炭掘进机等装备为国家矿山及地下空间施工安全提供保障。非爆悬臂掘进机、凿岩台车、远程控制挖掘机等产品，对提高工程作业质量和操作者的安全系数效果显著。采用超大参数技术的 XZJ5318JQJZ5 桥梁检测车可满足大中型桥梁的检测、养护、维修施工需求，保障国家道路桥梁安全。

2016 年成立的徐工消防安全装备有限公司，专业从事火类消防车、举高类消防车、专勤类消防车、保障类消防车、升降工作平台及其配套件的研发、生产制造、销售、租赁、维修和技术服务等。代表性产品包括 CDZ53 米登高平台消防车、88 米登高平台消防车、臂架式高空作业平台、抢险救援消防车等。2018 年年初，总投资近 25 亿元的徐工消防安全装备有限公司制造产业基地奠基，作为全新消防与高空作业装备基地，建成达产后将形成年产消防车等各类产品 16000 台生产能力。

徐工集团牵头承担或参与了多项国家级科技研发项目，包括"高机动多功能应急救援车辆关键技术研究与应用示范"国家重点研发计划项目、"面向突发事件的应急机器人研究开发与应用"国家"863 计划"重点项目等。研制出模块化的灾害救援机器人，可完成灾害现场爬坡、越障、涉水等作业任务，具备钻孔、破碎、挖掘、起重等多种功能，突破了通用大型机械在复杂灾害现场救援无力的限制。

第三节　企业发展战略

一、突出打造强大战略板块

徐工集团将工程机械主业打造成营业收入过千亿的强大核心板块，重卡、环境产业和露天矿业设备板块打造成规模超过百亿元的三大新百亿支柱板块，培育投资、物流、消防装备产业等成为新的利润增长点。各战略板块都按照"三有一可"理念推动高质量的发展，形成新的效益支撑与成长贡献。利用"互联网＋"拓展业态空间，探索工程科技，为全球工程建设和可持续发展提供解决方案，加速成为全球信赖的工程装备解决方案服务商。

二、两化深度融合推动产业跃升

徐工集团以企业两化深度融合为发展主线，以大数据、云计算、物联网等信息技术应用为重点突破口，形成企业核心竞争力，将徐工智能制造打造为行业新标杆。尽快构建全球化协同研发和众创创新体系，与业内巨头合作打造行业首个全球开放共享的工业云平台，支撑企业营销决策和经营管控，抢占工业互联网制高点。围绕《徐工集团智能制造实施方案（2017—2020）》，"一硬一软一网一平台"四轮驱动，重点聚焦设备互联互通、数字化研发、MES 优化提升、中央集控指挥中心、数字化车间建设。

三、持续投入推进创新驱动

徐工集团坚持"三高一大"的产品战略和"技术领先、用不毁"金标准，以技术进步和科技创新支撑公司转型升级，摆脱产业内中低端、同质化和粗放发展的束缚，努力走一条中高端发展的创新之路。在持续强投入推进创新驱动基础上全速前进，争取啃下工程机械领域最后 10%的技术难题。注重专有技术、核心技术、共性技术的深度研究转变，聚力实现动力传动、结构优化、智能控制、施工应用和液压传动 5 大专业方向关键核心技术的突破创新。加快徐州、美国、巴西、德国四大研发中心建设，引领突破行业"空心化"瓶颈，打造徐工的黄金产业链。全面突破高端主机创新，重点突破军民融合，做强军工产业。加快智能制造布局实施，三年时间把徐工打造成一个智能化企业。

四、全面布局开拓全球化事业

2017 年年初，徐工集团启动"海外服务备件体系再提升计划"，旨在通过建设自有服务备件中心、加大对经销商服务备件支持等举措，增加对海外服务备件的投入力度，以肯尼亚区域备件中心为样板，进一步完善在亚太、中东、中亚、欧洲、美洲等区域备件总库、区域备件中心、自建备件网点及经销商备件库的三级备件供应体系，为全球的经销商和客户提供更为快捷和便利的服务。下一步徐工集团将以全面国际化方式用三年打造一个新徐工，努力实现三年内将国际化收入由现在的 30%提升到 50%以上的战略目标，全面突破全球高端市场，打造高素质、专业化的国际化人才队伍；深入推进海外基础布局与 KD 工厂扎根，推进全球优势企业的兼并收购，加快世界级品牌的成长进程。精心打造具有全球竞争力的世界一流企业，2020 年进入全球工程机械前五强，2025 年跻身全球行业前三强。构筑"全球协作、区域支撑、项目驱动"的产业格局，立足全球联动，建立高度集约化、智能化、协同化的精益制造管理体系，满足国际化、世界级发展需求。

五、淬取企业文化凝聚高端人才

培育打造世界智慧群体与高技能工匠、党员劳模人物、优秀企业家四大徐工精英群体，企业家与干部要成为职工心中的偶像和专业领域表率；重点抓实"强班子、带队伍、育人才、重关爱、筑文化"五大党建工程；聚焦"技术领先、用不毁"行动金标准，搭建学习研修平台，畅通成长、成才通道，持续打造高技能人才成长良性生态；弘扬"担大任、行大道、成大器"的共同价值观，激励每一名职工向着珠峰登项目标奋力冲刺。

第二十章

山推工程机械股份有限公司

第一节　总体发展情况

一、企业简介

山推工程机械股份有限公司（以下简称"山推"）最初是由济宁机器厂、通用机械厂和动力机械厂组建而成的，成立于 1980 年，于 1997 年 1 月在深交所挂牌上市。山推工程机械股份有限公司目前拥有 5 家控股子公司和 3 家参股子公司，总占地面积 100 多万平方米。公司坚持以新科技、新技术引领企业发展，多次获得山东省制造业信息化示范企业、山东省企业文化建设示范单位等荣誉，曾被评为中国机械工业效益百强企业、国家"一级"安全质量标准化企业。

山推是国有股份制上市公司，在中国制造业 500 强中居第 347 位，入围了全球建设机械制造商 50 强居第 38 位，是集研发、生产、销售工程机械系列主机产品及关键零部件于一体的国家大型一类骨干企业，主要产品包括铲土运输机械、路面压实机械、建筑机械、工程起重机械等。公司在国内已形成山推的七大产业基地，包括山推国际事业园，山推武汉、泰安、抚顺、济南、崇文、新疆等不同规模的产业园，总占地面积超过 2.6 万平方米，山推拥有国家级技术中心、山东省工程技术研究中心和博士后科研工作站等行业研发中心。公司利用创新平台的发展，保障了产品质量不断提升，研发水平也在国内同行业领先，并具有与全球先进机械制造商竞争的能力。山推各类产品和装备的年生产能力在国内机械行业首屈一指，达到 1.5 万台推土机、7000 台道路机械、5000 台混凝土机械、18 万条履带总成、16 万台液力变矩器、5 万台变速箱、140 万件工程机械（四轮）。根据中国工程机械行业协会统计数据显示，2017 年中国工程机械行业国内销售各类推土机 4060 台，同比增长 26.7%，山推国内累计销售推土机近 2900 台，较同期有近 50% 的增长，市场占有率超过 70%。

山推在 2013 年被教育部授予博士后科研工作站，拥有同济山推工程机械研究院、山东省工程机械工程技术研究中心、山东省工业设计中心等科研机构，并逐步建立了独立完整的科研创新体系，长期努力提升企业技术标准、信息化研发生产能力和整机验证水平，其研发平台的发展为山推产业高端化、进军国际市场奠定了坚实的基础。山推全系列产品自主研发的专利达 850 余项，转化应用率高达 70% 以上。山推产品在全国各地机械、矿山等行业发挥作用，并销往海外 150 多个国家和地区。目前，山推形成了较为健全的销售维保体系，全国建有山推专营店 26 家，营销网点 150 个。山推已开始进军全球市场，发展了 71 家海外代理商，形成了生产销售的网络体系，并在 2017 年开展了针对欧美地区机械标准的新产品开发和技术攻关。

山推通过了 ISO9001 质量认证、ISO14000 环境体系认证、CE 认证等，长期保障了山推产品和装备的质量，出口产品质量居同行业首位，而且出口产品获得国外机械大奖拥有良好的声誉，已经成为中国机械制造行业的标兵。山推多次参与抢险救灾，在深圳特大滑坡事故处理中，其推土机、装载机等机械凭借稳定高效的工作能力出色完成了救援任务，并排除隐患、清除路障，在救援过程中赢得了宝贵的时间。山推的救援队伍和设备的有效输出，挽救了受灾地区群众的生命，在财产转移和安置工作中发挥重要作用，其抢险救援的系列装备也得到了行业专家的肯定。

二、财年收入

2015—2017 年山推工程机械股份有限公司财务指标如表 20-1 所示。

表 20-1　2015—2017 年山推工程机械股份有限公司财务指标

年份	营业收入情况		净利润情况	
	营业收入（亿元）	增长率（%）	净利润（万元）	增长率（%）
2015	37.7	-48.1	-87552	—
2016	44.1	16.18	4346	—
2017	63.5	44.19	6379	251.95

资料来源：赛迪智库整理，2019 年 2 月。

第二节　主营业务情况

一、主营业务

自 20 世纪 80 年代初，山推引进小松 D 系列产品技术及 KES 标准和生产工艺，历经 30 多年的发展，逐步形成了山推特有的产品体系，山推的安全产品和装备共计 110 余个规格型号，主要有 5 个种类。

山推系列推土机产品，其理念是"推陈出新，路行天下"，经过了国外引入、国内消化的过程而自成一体，主要用于机场、道路、矿山、堤坝、铁路等作业环境。山推系列推土机产品根据马力不同分 12 个档次，功率又从 80 马力到 420 马力不同分级，可根据前工作装置（铲刀）类型、后工作装置类型、发动机、行走装置（四轮一带）等不同配置为客户的需求进行定制。山推近年来不断与国内大型机械制造商合作，并在发动机等关键技术方面引入新机型，从而在新产品研发中取得领先地位。

山推道路、压实机械系列，综合国内外大吨位机械驱动、振动压路机开发的产品，用于矿山、道路、堤坝、铁路和其他作业场地的压实作业。山推压实机械克服了国内大吨位机械不可靠的缺点，各个系统匹配合理、结构简单、性能更加稳定，主要产品包括机械式单钢轮振动压路机、全液压单钢轮振动压路机、静碾式、双钢轮和轮胎压路机。山推压路机吨位从 4 吨到 33 吨分多个档次，具有优异的压实性能、稳定的工作效率、简便的操作流程，压路机采用进口液压系统，稳定性和可靠性在运行中得到保证。另外，压路机驾驶室具有良好的视野，同时配置人性化的操作系统，全面提高操作的舒适性，具备压实度测量仪的机械可实现对压实过程监控和检测。

山推系列装载机根据作业需要分为 3 个等级，其产品有标准型、煤炭型、岩石型。滑移装载机和挖掘装载机搭配大功率发动机，动力强劲，扭矩储备大，依靠强大的挖掘力和驱动力提高工作效率。其产品适应各种工况，满足广大用户的需求，同时有抓木机、抓草机、装煤斗、高卸载等多种工作装置供用户选择。

山推建友机械股份有限公司，是国内最早生产混凝土搅拌设备的企业，主营混凝土搅拌站、干混砂浆站、沥青站、搅拌运输车和各类搅拌主机等产品。山推楚天工程机械有限公司作为山推子公司，在国内混凝土机械行业中名列前茅，主营混凝土臂架式泵车、拖式泵、搅拌运输车、车载泵和搅拌楼（站），可提供成熟可靠的混凝土设备和完善的施工解决方案。

二、重点技术和产品介绍

山推目前已开发出登高平台消防车、举高喷射消防车、泡沫/水罐消防车、抢险救援消防车、高空作业车和桥梁检测车六大系列三十多个规格的产品。产品广泛应用于部队、消防、航空航天、石油化工、水利电力、造船、市政路灯、园林和建筑等行业和部门。其产品能够适应环境和客户需求，荣获四个国家级重点新产品奖和多项省部级科技进步奖。

山推消防作业车型号与特点如表 20-2 所示。

表 20-2　山推消防作业车型号与特点

型号	类型	特点
JP60	举高喷射消防车	60 米的额定工作高度，360 度无限制旋转，智能化安全控制系统，具有一键制展收车功能，操作方便快捷
PM50H	泡沫/水罐消防车	时速可达 95km/h，罐体可装载 1000L 泡沫，4000L 水
SG30	水罐消防车	农村消防专用车
DG54	登高平台消防车	进口火场监视系统，智能化安全控制系统，工作平台具有超载报警功能、安全性好

数据来源：网上公开资料整理，2019 年 2 月。

第三节　企业发展战略

一、专注产品质量，持续改善质量控制体系

山推在三十多年的发展过程中始终将产品质量作为企业的生命线，坚持以质取胜，走"品质先行"的可持续发展之路。山推突破了传统的产品质量提升的狭义性和局限性，建立了独创的（SQS）质量管理体系，并将这一管理体系贯穿于研发、量产、采购、改善的全过程，以坚持"规则第一、改善到底、共赢互信"为质量理念，让产品质量提升"落地生根"，通过高品质产品得到用户的信赖，提高了山推的质量控制能力和公司的整体经营绩效。山推将高标准、高定位作为产品质量提升的基础，其"增压+空空中冷+高压共轨"技术的应用，实现了主机节能、增效、减排，提升了智能控制程度；山推产品的长期市场竞争力得益于信息化质量管理平台，该平台能够全面提升精细化管理水平，优化制造检测过程。另外，山推在贯彻和实施质量文化的过程中，建立了科学的改善思想和方法，坚持由内及外、由外及里、全员改善、源头改善和持续改善，极大地激发和调动了员工改善的内在动力和潜力，通过长期的改善行

为和思考，把质量观念凝结在员工心中，形成企业的质量文化。

二、客户定制，提供全生命周期的价值服务

长期以来，山推除了为客户按传统、按要求提供解决方案和产品的经典模式外，还为客户"量身定制全生命周期"的服务体系，将研发、技术支持前移到市场一线，了解最终客户的体验和感受，据此改进、升级、个性化研制产品；山推抓住产品改善的源头，通过建立客户数据库等渠道收集客户的意见和建议，不断提升客户体验；与此同时，打造拥有强大物流支持，具备高技能、高素质的服务队伍，加强高端核心零部件维修技能培训，充分满足常规产品及大吨位产品全生命周期服务的需要。山推秉承着"时时处处"的服务理念，提供高效的技术支撑、操作保养等服务，2015 年客户服务行程达 10 万公里，走访了全国 30 多个省区，检修各类设备 1000 余台。山推创新性地打造了服务合作新模式，开展厂商互动、客户关爱行、搭载"互联网+"快车实现与客户零距离、推行增值服务等活动，给客户带来最新技术、最佳性能的产品和最优质高效的服务，全面提升客户的价值体验。

三、打造"平台因子"，撑起研发新天地

山推拥有国家级企业技术中心、山东省工程机械工程技术研究中心、山东省工业设计中心、博士后科研工作站、同济山推工程机械研究院等科研机构，建立起了一套完整的研发体系，努力打造技术标准、研发信息化、整机验证等研发平台，为产品研发、推进产业高端化奠定了坚实的基础。在数字仿真平台的建设过程中，通过结构优化设计分析、联合仿真分析、刚柔耦合仿真分析等手段，实现了由以往的"实体实验"向"虚拟分析"的转变，缩短了产品的开发周期，提高了产品设计开发的成功率，保证了新产品研发试制的安全。山推积极搭建研发平台弥补了企业自身的发展短板，同时能在全球范围内集聚、开放、共享各类创新资源，在发展中持续加大研发投入，突破了不少技术难题，全力提升了企业的研发能力，并探索新兴的技术与产业发展方向。

四、转变思维，完善营销体系

山推拥有健全的销售体系、销售服务网络，其产品遍及全国、远销海外 150 多个国家和地区。目前，在全国建有 26 家山推专营店，设有 150 个营销网点。山推的国际化战略稳步推进，已发展 71 家海外代理商，在阿联酋、南非、俄罗斯、巴西等地建有 10 家海外子公司，2016 年成功突破推土机容量占全球 1/3 以

上的美国市场。在四次荣登中国工程机械行业十大营销事件榜单的背后，是山推营销模式的不断创新和营销体系的不断完善。在营销服务模式上，山推注重"价值引领，服务共赢"的原则，引入领跑行业服务承诺、质量追踪、用户关爱等先进理念，第一时间为客户提供成套设备的施工解决方案，人性化、准时化的优质服务赢得了客户的口碑，提升了企业的品牌价值。山推通过"营销学院"培训体系主推人才梯队建设，为满足人才培养需求，山推国内营销事业部围绕公司"改革创新"主题，积极探索营销培训模式的创新，通过引入专业教师，开发视频课件，实现远程教育、在线学习、远程考试等方式，构建山推"营销学院"培训体系。山推的管理者、经营者和一般员工以培训来提高营销认识，将服务与营销进行一体化研究，注入互联网思维，通过微信营销、精准营销等营销方式，突破企业营销的瓶颈。

第二十一章

北京辰安科技股份有限公司

第一节　总体发展情况

一、企业简介

北京辰安科技股份有限公司（以下简称"辰安科技"）是一家源于清华大学的高科技企业，是国际化安全产品与服务的供应商，其业务以平台构建为核心，主要提供监测监控、预防预警、智能决策、救援指挥、综合应急等相关系统和装备。辰安科技依托清华大学在公共安全领域的科研力量，沿着"产学研用"的创新路线，逐渐形成了以研发、技术积累及持续创新能力为核心的综合业务范畴。

辰安科技成立于 2005 年，是清华大学在公共安全领域的科技成果转化单位，曾先后参与国家、省部、地市区县级平台建设 200 余项，获得过国家科学技术进步一等奖、地理信息产业科技一等奖、公安部科学技术一等奖等众多奖项。公司营业收入从 2011 年的 1.1 亿元增长到 2016 年的 5.48 亿元，5 年复合增长率为 38%。2016 年 7 月，辰安科技在深交所成功上市。

经过十几年的发展，辰安科技分别在北京、合肥、武汉建立了规模化研发基地，在全国 22 个省市设立了分公司和办事处，服务体系覆盖全国，为用户提供本地化系统平台的咨询设计、运行维护服务。作为国家级高新技术企业，辰安科技拥有完整的服务体系和企业管理体系，通过了 ISO9001:2008、ISO14000、ISO18000 等体系认证，以及"工信部计算机信息系统集成企业资质"二级资质、"国防武器装备科研生产单位保密资格"贰级资质等多项业内权威资质认证。

辰安科技致力于公共安全技术的进步和产业化，高度重视自主创新和新产品研发，在公共安全应急体系和城市安全的关键技术系统与装备方面，拥有完整的自主知识产权和系列核心技术，取得近 300 项软件著作权和国内外专利，在中国地理信息产业百强企业排名中列第 27 位。辰安科技拥有雄厚的科研攻坚能力，专业领域高级职称人才占 20%，本科以上学历占 85%，获得国家发展改革委"公共安全应急技术国家地方联合工程实验室"及多个北京市研发技术中心称号，"网络化应急一张图信息平台"连续获评中国地理信息科学技术进步一等奖，2018 年 8 月获评"中国创业板上市公司价值五十强"殊荣。

二、财年收入

2015—2017 年辰安科技财务情况如表 21-1 所示。

表 21-1　2015—2017 年辰安科技财务情况

年份	营业收入情况		净利润情况	
	营业收入（亿元）	增长率（%）	净利润（亿元）	增长率（%）
2015	4.13	53.7	0.9	78.4
2016	5.48	32.6	0.8	−11
2017	6.38	16.6	0.8	0

数据来源：赛迪智库整理，2019 年 2 月。

第二节　主营业务情况

目前，国内外安防重点正在从事故后应急处置向事故前预防与准备转变，管理模式从结果监管向过程监控转变，管理部门也从单部门管理向多部门协调管理转变。为了响应安防形势和市场需求的变化，实现全灾种、全过程、全方位、全社会的安全管理，辰安科技推出"1+2+3+N"智慧安全城市建设框架（见图 21-1），构建了风险主动防控的城市"大安全"管理模式，并依此框架和模式开展了软件研发、装备制造、产品销售与整体服务，以及智慧城市总体安全体系的设计、建设、运营服务等业务。

为实现城市风险隐患的全方位物联网监测、评估与精细化治理，用数字化、网络化、智能化、互动化的建设模式，打造全方位、立体化的城市公共安全网，辰安科技将相关业务重点放在智慧人防、智慧消防、生产安全、环境安全、社会安全、城市生命线安全、预警信息发布、政府综合应急等领域，涵盖风险评估、预测预警、监测监控、应急救援等技术和产品。

图 21-1 辰安科技"1+2+3+*N*"智慧安全城市建设框架

在各业务板块方面，辰安科技推出了针对性的产品和服务模式。如在智慧消防业务板块，推出了消防大数据综合应用平台，包括社会化消防隐患排查系统、合规运行检测保障系统、防火监督综合管理系统、灭火救援指挥辅助决策系统、消防物资精细化管理系统、消防大数据创新应用系统等，利用"互联网＋"、物联网、大数据等技术，对多渠道、多维度的数据进行统计、分析和深度挖掘，为客户提供智慧消防的解决方案；在安全生产板块下，推出了智慧安全园区、安全生产应急救援指挥系统、高危行业企业风险预警与防控平台等产品。

此外，辰安科技还参与了"突发事件分类与编码""国家核应急资源分类目录与编码""北京市城市安全运行和应急管理物联网应用辅助决策系统规范性技术系列文件"等多项标准和文件的编制，并曾为 2015 年 APEC 会议、2016年杭州 G20 峰会等大型会议和事件提供现场保障服务，以及为贵州、吉林、广西、三峡集团等省、市和单位提供事故应急演练和培训服务。

第三节　企业发展战略

一、强大科研平台支撑技术创新

辰安科技的业务离不开持续不断的科技创新和新产品开发。通过设立技术和产品研发团队，依靠与学术机构的深度合作，利用清华大学公共安全协同创新平台，辰安科技积极开展应用技术研究、软件与装备研发，推动科学研究成果化、实用化和产品化，巩固并提高了公司在公共安全领域的优势地位。截至2017 年 6 月，辰安科技共拥有软件著作权 210 项、专利 47 项、专著 16 部及国家和地方重点产品 6 项，研发出监测监控、风险分析、预测预警、决策与指挥、灾后恢复与评估等技术体系方面 16 项核心技术和 79 项模型，研发软件 57

项，建立了多个国家级、省部级实验室。其承担的"国家应急平台体系关键技术系统与装备的研究、集成和应用项目"获得了国家科技进步一等奖。在科技创新的实践中，辰安科技形成了以先进的业务理念、全体系全过程全系统的解决方案、成熟的系列化技术产品、成套的分析模型及大数据算法、创新型运营服务为主的核心优势，成为推动安全高新技术产业化的重要力量。

二、高端人才储备保障核心竞争力

辰安科技以科技创新和新产品研发为核心竞争力，人才是其重要的战略资源。目前，辰安科技拥有一大批具有雄厚的科研攻坚能力及重大项目实施经验的员工，聚集了公共安全、行业业务、现代信息化等技术领域的专家和管理人才，本科以上学历人数占研发人员 85%以上，其中包括中国工程院院士 1 人，高级职称人才 86 人，专业领域博士 36 人，海归高级人才 24 人。

为了吸引和留住优秀的业务骨干和管理人员，有效调动在岗员工的积极性，辰安科技倡导公司和个人共同发展的理念，在公司内推行了员工持股计划，建立了员工和公司所有者利益共享的机制。此外，辰安科技还为员工提供职业辅导，引导员工明确职业定位，并通过定期组织内部或外部培训，聘请业内专家进行行业分析、业务讲解和产品介绍，不断提升员工的专业知识水平和业务水平。

三、专业和差别化产品抢占市场

自 2004 年我国开始建设平安城市以来，各类数据采集和存储设备被广泛使用，从安防设备获取的数据量呈现爆炸性增长，并涵盖文本、图像、音频和视频等多种形式。要想实现安防系统的智能联动控制，需要平台及时对这些数据进行处理，提取有效关键信息并进行风险预防，而当时市场上并没有成熟的产品。辰安科技将自身的技术优势同市场趋势相结合，从公司建立初期就将业务核心放在提供应急平台的关键技术系统上，在已有流程的基础上，利用飞速发展的数据处理技术，对原有系统进行整合，实现客户协调统一指挥的要求，并在承接的平台建设项目中迅速积累经验，在市场上形成了独特竞争优势。

在具体的平台建设上，辰安科技将安全与行业相结合，不仅针对不同行业属性，提供更加专业化、差别化的安防方案，依据业内具体业务开发产品功能，为客户提供安全智能决策辅助工具，帮助客户缩减业务流程，大幅提升工作效能，在给客户带来实际使用效益的同时赢得了口碑，打造出领域品牌影响力。

四、积极挖掘海外市场潜力

在占领国内市场份额的同时，辰安科技还积极开拓海外市场。2011 年，辰安科技开发了第一个海外国家级公共安全平台——厄瓜多尔国家公共安全一体化平台（ECU-911），2014 年正式上线，并于 2016 年习近平总书记在该国报纸发表的署名文章中获得高度评价。2011—2015 年，海外业务每年为辰安科技贡献30％以上的营业收入，全部来自拉丁美洲。2017 年，辰安科技与中国电子进出口总公司合作，中标安哥拉公共安全一体化平台项目，该项目将成为辰安科技开拓非洲市场的契机，为新市场带来良好的示范效应。同时，辰安科技还在向东南亚等市场扩张，未来海外业务仍有广阔增长空间。

第二十二章

重庆梅安森科技股份有限公司

第一节　总体发展情况

一、企业简介

近年来，国内许多大型装备制造商、集成商和软件企业从不同的领域介入到公共安全产业，大多布局市政设施管理、软件信息平台、视频监控等。而重庆梅安森科技股份有限公司（以下简称"梅安森"）专注安全领域十余年，不断推动安全监测监控技术产品的创新和实践应用，业务范围已从传统的矿山安全领域拓展到管网和环保领域，聚焦安全领域，致力于"大安全、大环保"，围绕矿山、管网和环保三大业务方向，利用自身在互联网及大数据方面的优势，打造安全服务与安全云、环保云大数据产业。公司坚持"创新推动安全发展，服务构建和谐未来"的企业精神，不断创新和完善安全技术、产品和服务体系，成为"安全生产守护者"。

梅安森（股票代码：300275）成立于 2003 年 5 月，2011 年 11 月在深圳证券交易所上市，注册资本 1.69 亿元，位于重庆市高新区二郎科技新城高科创业园内，现拥有近 7000 平方米的科研生产基地，是一家专业从事煤矿安全生产监测监控、瓦斯抽放计量监控、通信技术和自动化环境保护技术的研发、生产、销售和服务，并集科研开发、工程设计、加工制造、系统集成和工程安装、服务于一体的民营高新技术企业。

经过十几年的发展，公司现有员工 400 余人，各类专业技术人员 240 多名，其中研究员 3 名、高级工程师 12 名、工程师 20 余名，拥有 1 家研究院 6 家子公司，10 个业务办事处，覆盖全国多个省级行政区域。梅安森定位于"物联网+"企业，以安监市政环保矿山为重点，利用自身在物联网大数据方面的优势，打造多元化产业，已成为"互联网+安全"智慧城市、智慧矿山环保智能服务整体解决方案的提供商。

梅安森目前在全国范围内拥有 46 个精诚合作伙伴以及一支专业技术服务团队，研发及工程技术人员占公司员工 55%以上，其中高级职称及以上工程师 24 人、中级职称人员 100 余人，同时，公司还聘请了享受国务院特殊津贴的资深行业技术专家为公司的专业技术顾问，指导公司的产品研发和重大项目技术攻关。公司获评重庆市科技进步二等奖 1 项，国家专利优秀奖 1 项，国家软博会金奖 1 项；获得专利权证书和著作权证书共计 300 多项（其中授权发明专利 16 项、实用新型专利 74 项，外观设计专利 48 项，计算机软件著作权 164 项）、软件产品评估 98 项，重庆市高新技术产品 28 项；产品安全标准 166 个，获批 2 项国家重点新产品，7 项重庆市重点新产品，11 项科技成果登记证书，1 项重庆市高技术产业化项目。

二、财年收入

2015—2017 年重庆梅安森科技股份有限公司财务指标如表 22-1 所示。

表 22-1　2015—2017 年重庆梅安森科技股份有限公司财务指标

年份	营业收入情况		净利润情况	
	营业收入（亿元）	增长率（%）	净利润（亿元）	增长率（%）
2015	1.39	−49.4	−0.66	−352.56
2016	1.71	23.26	−0.69	—
2017	2.88	68.25	0.42	—

资料来源：赛迪智库整理，2019 年 2 月。

第二节　主营业务情况

一、主营业务

目前，梅安森已经形成以安全领域监测监控预警成套技术与装备及整体解决方案为主的产业格局，产品主要服务于国内矿山安全、城市地下管廊（管线）建设及运营安全、环保应急等安全领域，以矿山、智慧城市、环保领域为重点；打造安全服务与安全云、智慧城市、环保云大数据产业；成为"互联网+安全"、环保智能服务整体解决方案提供商。通过产品应用领域的多元化发展，将多年来在安全生产危险监测预警方面积累的安全防护理念和安全监测监控预警产品与物联网技术相融合，提供包括危险预测预警以及应急救援指挥系统等功能的一体化解决方案，把危险的事后监控演变为事前预测预警、事中救援、事后应急处理为一体的全方位安全管理体系。

二、重点技术和产品介绍

（一）智慧市政综合管理平台

智慧市政综合管理平台是基于"互联网 + 市政安全"理念构建的一套市政综合管理工具。平台基于物联网技术，可实现对路面、桥梁、隧道、地下管网危险源气体、井盖、路灯等市政信息的实时在线监测并上传监控中心。

基于地理信息系统技术，采用多源信息一张图的展示方式，可实现市政设施属性、实时监测数据、视频信息、车辆定位、管辖范围、单位信息等业务内容集成到统一、关联、协作的平台上；基于云计算技术，可实现数据分析、统一协调、顶层部署、决策指挥，对城市地理、资源、生态环境、人口、经济、社会综合事务进行数字化、网络化处理，提供重大安全隐患预警给市政部门、辅助决策；基于大数据技术，将数字城管系统接入市政综合管理平台，使各市政管理子系统数据互联互通，杜绝存在单一信息孤岛现象，使城市管理更高效。

梅安森部分市政业务产品介绍（见表22-2）。

表22-2　梅安森部分市政业务产品介绍

市政业务系列产品	主要系统/产品	主要建设目标及应用领域
城管/市政设施智能监控及其平台	井盖安全监测系统、下排水道危险源监测系统、桥隧健康监测系统、暴雨点积水监控系统等	主要用于实现对城市管理/市政工程设施、市政公用设施（井盖、路灯等）、市容环境监督管理的智能化综合管理指挥
城市综合管廊智能化防控产品及其平台	结构健康监测系统、环境监测系统、设备监控系统、火灾报警控制系统、通信系统及安全防范系统等监测监控产品	主要用于实现综合管廊全生命周期的运营服务管理与安全保障服务等
安监综合管理平台	安监信息、网格化监管、隐患排查、行政执法、监测预警与应急救援等	主要用于实现"横向到边、纵向到底"的安全生产监管格局，为各级安委会成员单位实现行业监管，安监局实现综合监管提供了实用性强、扩展灵活的安全生产综合信息监管平台

续表

市政业务系列产品	主要系统/产品	主要建设目标及应用领域
智慧综合管廊运营平台	电力电缆温度实时在线监测系统和综合管廊防侵入在线监测系统	主要用于实现城市地下管线信息资源（供水、排水、燃气、电力（路灯）、电信、广播电视、工业、热力）的统一管理、互联互通

（二）智慧矿山解决方案

智慧矿山解决方案，一是基于地理空间、工作流、组态等构建智慧矿山智能协同管控平台（CGIS、MAS、CMIS），实现各类专业业务的协同设计、信息化管理与智能分析；用数字化、信息化改造提升煤炭产业，建设"监、测、管、控一体化"的矿山综合管理。二是基于采掘工程系统建立矿山安全生产监测监控自动化、信息化与数字化管控中心，充分发挥地测做为煤矿技术基础工作的作用，推进应用采掘工程的综合管控与安全智能分析，提高矿井信息化装备与现代化管理水平。

（三）安全云

安全云是以地理位置为基础，打通安全生产领域（煤矿安全、非煤矿山安全、道路安全、地下管网、输油管道、地质灾害等）相关数据通道，向政府、企事业单位、供应商以及公众提供大数据应用与服务的平台；同时也是一个开放的产业与服务平台，可打造安全服务与安全大数据应用产业，实现安全装备研发、制造、服务、运维等供应商资源的整合。其基础是数据资源，核心是基于"互联网+安全服务"的解决安全管理本质问题的全套解决方案。

安全云的核心内容是数据资源，通过"互联网+"提供安全服务与大数据应用解决安全管理本质问题，主要包括安全实时监控、安全监控执法、应急指挥管理、安全大数据分析、安全运维服务以及安全云商城等；一个开放的安全服务与安全云大数据产业平台，可实现安全装备研发、制造、服务（含咨询）、运维等供应商与合作伙伴的整合。

第三节　企业发展战略

一、销售服务一体化凸显优势

梅安森创立之初就提出了"销售服务一体化与全过程技术支持"的客户服务

理念。销售服务一体化的服务模式使其能够在及时为客户排忧解难、提供技术服务的同时，加强产品销售的推广力度，密切公司与客户的合作关系，同时能收集客户的反馈意见，为进一步改进技术、提高产品质量提供宝贵的借鉴。

首先，梅安森继续坚持以服务为导向的营销理念，不断加强客户服务队伍的建设，并进一步完善营销网络和服务网络，通过全面提升技术和服务的水平与质量，提高产品销售全过程的客户体验，持续为客户提供全覆盖、全天候的运维服务。其次，加快新业务领域市场营销队伍的建设，积极引进高水平、高素质人才，调整内部营销体系架构和激励方式，全面调动向新业务领域转型的积极性和主动性。最后，为了进一步整合外部资源，在新业务领域拓展的过程中，积极寻找有市场资源和资金实力的业务合作伙伴，共同开拓新领域的市场，分散新业务领域的市场拓展风险，促进梅安森产品应用领域的多元化发展，提高其整体抗风险能力。

二、自主创新保障企业生命力

梅安森长期致力于打造一支专业、稳定、结构合理、富有生命力的研发团队，专注产品研发和重大项目的技术攻关。在技术研发方面，坚持应用型研究和前瞻性研究相结合的管理理念，以梅安森研发中心、北京元图为核心，以外部研发合作为辅，推动开放式研发平台建设，围绕既有业务发展方向，强化资源和产业链上下游整合，为客户提供从监测监控、安全防护体系、地理信息数据平台、数据清洗分析及个性化的数据服务等整体解决方案，打造自身突出优势，为其向"整体解决方案提供商和运维服务商"转型升级提供技术支撑。同时，梅安森积极开展与相关行业协会、科研院所的交流、协作，不断推进基础技术的研究，为技术创新奠定坚实基础。

本着"以人为本，走创新之路"的宗旨，梅安森坚持自主创新，倾力打造具有完全自主知识产权的安防产品。针对具体项目需求，成立专项课题组；通过"引进、集成、吸收、再创新、原创"的模式，开展创新型研究，产出技术方案或原理样机等技术成果；通过技术创新的方式，获取长期效益。在科技创新的实践中，梅安森形成了以先进的业务理念、全体系全过程全系统的解决方案、成熟的系列化技术产品、成套的分析模型及大数据算法、创新型运营服务为主的核心优势，成为推动安全高新技术产业化的重要力量。

三、全产业链模式抢占市场

梅安森既不是单纯做软件的，也不是单纯做硬件的企业，是从感知端、传输端、平台端到大数据可视化的研究开发，并深度融合行业应用的物联网高新技术企业，其在环保、矿山、市政等业务领域实施的是同一技术链上的产业链延伸，其具备完整的技术链及制定整体技术解决方案的能力，适应客户的个性化需求，具备差异化市场竞争优势。

梅安森结合中长期发展战略以及向新业务领域转型升级的需要，不断探索"围绕同一技术链，产业互联网化，运维智能化"的业务模式，积累了大量的技术运营优势，同时，通过其自主研发与资源整合，充分发挥全技术链价值，基于物联网、云计算和大数据，开展"同一技术链上的产业链延伸"，以智能感知、地理信息、即时通信等为突破口形成了自有的技术体系与技术成果，使得在同行业中具备先发优势。

四、标准化体系把控产品质量

梅安森自成立以来，坚持"质量是企业的生命、重视产品质量就是重视矿工生命安全"的质量理念，致力于安全生产监测监控与预警设备及成套安全保障系统研发、设计和生产，凭借全面扎实的行业技术基础，严格的产品质量控制体系，建立起了一套相对完善、功能齐全的监测监控与预警技术体系。

目前，梅安森具备行业领先的符合 ITSS 标准要求的标准化、智能化的运维服务平台，截至 2018 年 6 月 30 日，公司的有效矿用产品安全标志证书有 131 种，有效金属与非金属矿山矿用产品安全标志证书有 18 种，在拥有煤矿安全生产监控系统相关产品安标的同行业公司中排名第四，产品质量竞争优势明显。梅安森实施"321 发展规划"，稳定提升产品质量是公司发展的主线之一，通过对工作质量和产品质量控制流程进行全面梳理，以管理评审为契机，全面推进安标、计量、ISO 三大体系的完善和优化工作，保证公司的质量管理体系覆盖公司的产品研发设计、原材料采购、生产制造、设备检测以及销售的全过程，其稳定可靠的产品得到了客户的广泛认可。

第二十三章

北京千方科技股份有限公司

第一节　总体发展情况

一、企业简介

北京千方科技股份有限公司（以下简称"千方科技"）初创于 2000 年，是根植于中关村的自主创业企业，于 2014 年成功登陆深圳证券交易所（股票代码：002373）。经过十余载的积淀，千方科技业务已涵盖公路、民航、水运、轨道交通信息化等领域，现有子（分）公司 80 余家，员工 2000 余人，成为中国智能交通行业的领军企业。

千方科技已在智能交通领域形成了完整的产业链，并拥有成熟的运营管理、服务经验，现已形成"城市智能交通""高速公路智能交通"与"综合交通信息服务"三大智能交通业务板块有机结合、齐头并进、稳步上升的发展格局。在此基础上，公司积极开展"大交通"产业战略的布局，不断推动公司业务向民航、水运、轨道交通等领域拓展，并已在民航信息化领域取得了初步成绩，成为了国内唯一一家综合型交通运输信息化企业。

千方科技长期注重高端人才的培养和引进，以及先进技术的集成和创新。公司积极推动校企合作，与多所大学签署了协议或达成意向，在人才培养、项目合作、技术研发等方面展开合作，探讨人才培养长效机制。公司已与INRIX、IBM、Intel、华为、中交集团等多家企业签订了战略合作协议，以共同推动业务和技术的协同创新。截至目前，千方科技拥有自主知识产权 200 余项，其中专利近 100 项，公司连续承担了多项"十五""十一五""十二五"国家科技支撑计划项目，主持参与了多项国家"863"计划专项，多项自主研发的系统（产品），已成功应用于全国多个省、市、自治区以及北京奥运会、国庆六十周年庆典、上海世博会、深圳大运会等大型社会活动。公司连年获得了多个国家级、省部级奖项，被评为中关村国家自主创新示范区首批"十百千工程"重点培育企业，交通运输部"智能交通技术和设备"行业研发中心，中关村智能交通产业联盟理事长单位，荣获"2011 中关村高成长企业 TOP100"评委会突出贡献奖、2012 中关村十大新锐品牌、2013 国家高新区先锋榜百快企业、2014 中国智能交通行业"年度领军企业"等荣誉。

自公司成立以来，千方科技不断完善人才引进、培养、激励机制，加强国内外高端行业人才的引进，培育务实、开放、创新的企业文化。持续提高产品质量和服务水平，加强全国性服务网络的建设，加快"大交通"产业布局。千方科技愿以海纳百川的胸怀和心态，与行业创新企业、科研院所、行业机构真诚合作，以不断完善的产品质量和服务，不断健全的全国性服务网络，不断优化的创新体系以及科研成果转化和产业化环境，努力促进政府、企业、科研院校等多方合作，共同打造面向全行业的协同创新平台，构建业态繁荣的"大交通"产业生态，共同引领我国综合型交通运输信息化产业。

二、财年收入

2015—2017 年千方科技财务情况如表 23-1 所示。

表 23-1　2015—2017 年千方科技财务情况

年份	营业收入情况		净利润情况	
	营业收入（亿元）	增长率（%）	净利润（亿元）	增长率（%）
2015	15.4	13.3	2.9	18.4
2016	23.4	52.03	3.3	29.7
2017	25.1	6.8	3.6	8.03

数据来源：赛迪智库整理，2019 年 2 月。

第二节　主营业务情况

一、主营业务

千方科技提出"一体两翼"的发展战略，即将"一体—产品研发、系统集成和运营服务三大能力"结合并不断创新，持续拓展"两翼—智慧交通和智慧安防"两大业务领域，赋能智慧交通、智慧安防行业的创新发展。目前，以

"千方大交通云"为平台，以"千方大交通数据"为核心，协同并跨界整合资源，在市场上形成较强的竞争优势，成为真正意义上的中国智能交通建设及运营的领军企业。

千方科技凭借在智能交通领域具有多年的经验积累，在智能交通领域形成了完整的产业链，并拥有成熟的运营管理、服务经验，形成了"城市智能交通""高速公路智能交通""综合交通信息服务"与"智慧城市"四大主营业务。

二、重点技术和产品介绍

（一）城市智能交通

在城市智能交通领域，千方科技为客户提供从交通信息化系统咨询、交通信息化基础平台建设、交通数据中心咨询设计、交通运输管理应用软件开发、系统集成到系统运维的全程服务。公司自主研发的城市综合交通运行指挥中心系统、交通数据资源整合与服务系统、综合交通枢纽信息服务与综合管理系统、交通运输行业综合管理信息系统、智能停车诱导与管理系统、交通应急指挥中心系统、大密度步行客流监测系统、轨道交通信息化系统等成熟的智能交通产品及解决方案，已成功应用于全国多个省、市、自治区以及北京奥运会、国庆六十周年庆典、世博会、深圳大运会等大型社会活动。

（二）高速公路智能交通

在高速公路智能交通领域，公司拥有高速公路机电系统集成（监控系统、收费系统、通信系统、隧道机电工程）、高速公路不停车收费系统（ETC）、Joy Traffic 智慧高速系统、交通量调查设备与数据中心系统等解决方案。在高速公路机电系统集成建设领域，公司已累计承建 500 余项高速公路机电工程建设项目，其中包括浙江穿好、河北大广南、湖北麻武等数十个中标金额超亿元的大型项目，业务遍布全国近 30 个省，占据中国 25% 以上的市场份额，是中国高速公路机电系统集成建设领域的领军企业。

（三）综合交通信息服务

在交通及出行信息服务领域，千方科技通过"掌城网""掌城路况通""掌行通行人导航"等自有产品和自主创新的交通信息服务平台，向公众提供精准、高覆盖率的交通信息服务，同时提供路况看板、路况语音云、环保路径规划（ECO Route）和环保驾驶提醒（EMS）等创新的增值应用服务。合作方向涵盖汽车、汽车电子/导航、互联网/移动互联网、电信增值、消费电子等行业领域。

同时，公司以建设城市出租车综合管理服务平台为基础，通过投资安装车载终端设备，获取出租车内外广告资源经营权；并利用出租车数量多、流动性大、行驶范围广、运营时间长的特点，进行出租车数据的采集、分析和处理，深度挖掘数据资源，开发交通信息服务和出行服务产品，全面满足管理部门、运输企业、驾乘人员及市民出行的服务需求。

（四）智慧城市

为顺应全球城市化和中国新型城镇化的大潮，千方科技着眼于智能交通向智慧城市产业升级，对智慧城市业务进行战略性布局。公司基于对智慧城市现状和挑战的深刻理解，凭借十多年积累的丰富的解决方案和成功案例，领先的咨询、建设和运营能力，以及产业生态圈的整合能力，努力成为国内先进的智慧城市一站式服务提供商。形成开放共赢的智慧城市产业生态，为未来智慧城市可持续发展打下坚实的基础。

随着千方科技的发展壮大，千方科技的主营业务规模快速增长，目前其产品年销售总额超过十亿元，同时，千方科技的业务还不断向新领域拓展，新产品的研发和老产品维护数量不断增加；智能交通与现代物流协调创新产品不断研发出来，不断推动公司业务向民航、水运、轨道交通等更多的领域拓展，充分满足客户的需求和市场的要求。

第三节　企业发展战略

作为一家综合型交通运输信息化企业，千方科技制定了着眼于当下国家发展政策、行业发展形势和客户主体需要的企业发展战略。为适应上市后新的要求，公司确立了"业务板块拓展与重构""管理架构及内控体系梳理与完善"两条工作主线。针对实现公司发展目标的要求和智能交通市场的变化，确立由项目型向"产品+服务"的运营型综合交通服务转变的业务发展思路，对内实施业务重组，对外积极进行业务板块拓展，"大交通"的业务布局已见雏形。具体发展目标如下：

一是推动智能交通业务向民航、水运、铁路等领域的延伸，构建完备的综合交通业务体系。在现有"城市智能交通""高速公路智能交通"与"综合交通信息服务"三大智能交通业务板块基础上，加快向民航、水运、铁路等领域延伸，成为中国业务覆盖范围最广、业务体系最完备的综合交通产品和服务提供商。同时推动智能交通业务向智慧城市升级。

二是完善综合交通信息服务，实现从 2G 向 2B、2C 市场的跨越。整合公路、铁路、水运、民航交通数据，充分利用云计算、移动互联网，特别是大数据技术，打造城市、城际，并针对打车、公交、自驾等各类交通出行方式的一体化交通信息服务体系，满足企业的交通信息服务应用和开发，公众出行信息服务需求，加快实现公司业务从 2G 向 2B、2C 市场跨越。

三是充分利用投融资平台加大产业合作和并购，提升公司综合实力。在自主发展的基础上，通过收购、兼并、合资等多种资本手段，向产业链横向和纵向扩张，迅速做大公司规模，提升公司综合实力，促进公司快速发展。

四是加强技术与人才储备，不断开拓新型业务。围绕公司业务方向，加强与行业创新企业、科研院所、行业机构真诚合作，通过联合创新不断引进和研发新兴技术，加快新技术在现有业务中的应用。完善人才引进、培养、激励机制，加快人才引进和储备，为公司的长远发展和新兴业务的拓展奠定坚实基础。

第二十四章

威特龙消防安全集团股份公司

第一节　总体发展情况

一、企业简介

威特龙消防安全集团股份公司（以下简称"威特龙"）位于成都市高新技术开发区，是国家火炬计划重点高新技术企业和全军装备承制单位，是"主动防护、本质安全"技术的引领者，面向全球客户提供各行业消防安全整体解决方案。

威特龙坚持技术创新和差异化发展，搭建和参与了"消防与应急救援国家工程实验室""省级企业技术中心""四川省工业消防安全工程技术研究中心""油气消防四川省重点实验室"等科研平台的建设，先后承担了白酒厂防火防爆技术研究、大型石油储罐主动安全防护系统、天然气输气场站安全防护系统、公共交通车辆消防安全防护系统、西藏文物古建筑灭火及装备研究、风力发电机组消防安全研究、中国二重全球最大八万吨大型模锻压机消防研究、超高层建筑灭火技术及装备研究、镁质胶凝防火材料无氯化研究、防消一体化智能卫星消防站等国家能源安全、公共安全和文物安全领域的十余项重大科研项目，形成了油气防爆抑爆技术、白酒防火防爆技术、煤粉仓惰化灭火技术、高压细水雾灭火技术、大空间长距离惰性气体灭火技术、绿色保温防火材料和消防物联网平台等成套核心前沿技术体系。公司共获得国家专利 248 项，其中发明专利 41 项；获得国家科技进步二等奖 1 项、省部级科技进步奖 9 项；参与制修订国家、行业和地方标准 27 部，引领了消防行业"主动防护、本质安全"技术的发展。

公司拥有国家住建部颁发的"消防设施工程设计与施工壹级"资质，形成了消防设备、消防电子、防火建材、解决方案、消防工程和消防服务六大业务板块并且大力拓展防火型装配式建筑、新型高压喷雾消防车和消防物联网；在全国布局了 20 余家分（子）公司，形成了全国性的营销网络和服务体系；威特龙系列消防产品和合沐佳系列防火建材远销俄罗斯、印尼、印度、巴基斯坦、土耳其等 20 多个国家和地区；为国内石油、石化等行业提供消防安全整体解决方案，成为中石油、中石化、中海油等企业的重要合作伙伴，持续为社会消防安全创造最大价值。

公司拥有高素质的技术团队、勇于开拓的营销团队、成熟稳定的管理团队和专业化的系统服务团队，具有突出的人才优势。公司核心技术人员均为行业内技术专家，技术人员的专业覆盖油气储运工程、消防工程、安全评价等，拥有专业技术人才 95 人，拥有国家一级注册消防工程师 10 名，一级注册建造师 8人，高级工程师 9 人，工程师 25 人。威特龙作为中国安全产业协会消防行业分会理事长单位，秉承"服务消防、尽责社会"的企业宗旨，以提振中国民族消防产业为己任，致力于消防安全产业的整合与跨越发展。

二、财年收入

2016—2018 年威特龙财务指标如表 24-1 所示。

表 24-1 2016—2018 年威特龙财务指标

年份	营业收入情况		净利润情况	
	营业收入（万元）	增长率（%）	净利润（万元）	增长率（%）
2016	24886.94	−24.03	999.85	−77.22
2017	30500.00	22.55	1650.00	65.02
2018	34400.00	12.79	—	—

资料来源：威特龙财务报表，2019 年 2 月。

第二节 主营业务情况

威特龙主营业务为自动灭火系统、电气火灾监控系统、行业安全装备的研发制造、消防设备销售、消防工程总承包施工及消防技术服务，能为不同行业提供项目规划、设计咨询、系统方案、项目管理、工程技术与实施、维护保养等全方位消防安全整体解决方案。

公司可以提供 52 种全系列产品、150 个规格的消防产品（未包含消防产品零部件、消防电气和防火材料模块产品），包括气体、水系统、泡沫、干粉、细水雾、行业专用产品，形成了比较完善的产品体系，可以满足目前消防工程中大部分工程的需求。其中低压二氧化碳灭火系统是目前国内低压二氧化碳灭火系统型式检验报告最齐全的企业，拥有从 1 吨到 25 吨各种规格的产品型式检验报告，也是国内唯一一家有能力生产低压二氧化碳灭火系统最大吨位——25 吨规格产品的企业。公司多项产品获公安部消防产品合格评定中心颁发的 3C 认证，部分产品取得欧盟 CE 认证，低压产品正进行美国 FM 认证，国际权威认证为抢占市场提供了保障，确保了公司国际化发展之路。

公司主营业务包括消防设备销售及消防工程总承包施工。2015 年、2016 年、2017 年公司主营业务收入占营业收入比重分别为 99.97%、99.29% 和 99.26%（见表 24-2），公司主营业务突出（见表 24-3）。

表 24-2　2015—2017 年公司主营业务收入情况

项目	2017 年度（未经审计）		2016 年度		2015 年度	
	金额（万元）	占比（%）	金额（万元）	占比（%）	金额（万元）	占比（%）
主营业务收入	30274.00	99.26	24710.27	99.29	32752.21	99.97
其他业务收入	226.00	0.74	176.67	0.71	7.59	0.03
合计	30500.00	100.00	24886.94	100.00	32759.80	100.00

数据来源：威特龙财务报表，2018 年 1 月。

表 24-3　2015—2017 年财务收入中消防设备销售收入和消防工程总承包施工收入具体情况

项目	2017 年度（未经审计）		2016 年度		2015 年度	
	金额（万元）	占比（%）	金额（万元）	占比（%）	金额（万元）	占比（%）
消防产品	18605.00	61.00	15636.46	62.83	21248.01	64.86
消防工程施工	11895.00	39.00	9250.48	37.17	11511.79	35.14
合计	30500.00	100.00	24886.94	100.00	32759.80	100.00

数据来源：威特龙财务报表，2018 年 1 月。

第三节　企业发展战略

从 2009 年成立至今，公司始终坚持着创新引领、精益管理，不断推出新产品占领国际国内市场，发展至今，逐渐形成了"集团化、行业化、国际化、产业化"的战略，助力公司打造民族消防品牌，主营业务涵盖了消防安全产品及装备、消防工程总承包、技术服务、运营安全管理等全方位解决方案。公司的经营战略主要表现在以下几个方面。

一、搭建跨平台战略联盟，推动消防安全产业发展

威特龙致力于消防安全产业的整合与跨越发展，作为中国安全产业协会消防行业分会和民营军品企业全国理事会消防专业委员会的理事长单位，董事长汪映标被选举担任中国安全产业协会副理事长，参与中国安全产业协会战略决策，并全面负责消防行业分会工作。中国安全产业协会的目标是建成国务院和国家部委的安全智库参谋部，构建"政产学研用金"平台，实施安全产业创新、产业技术创新、产业商业模式创新，威特龙搭建了消防、安全、应急产业的行业整合平台，促进消防安全战略联盟形成。

依托四川省工业消防工程技术研究中心和油气消防安全四川省重点实验室，进行了消防行业专家整合，打造专家集聚平台；在市场拓展方面，威特龙相继与公安部四川消防研究所、公安部沈阳消防研究所、神华科技发展有限公司、中国石油安全环保技术研究院大连分院、陕西坚瑞消防股份有限公司等单位签署战略合作协议，创新消防PPP、"互联网+"等多种商业模式，实现多层次、全方位的战略联盟，共同推动行业发展。将通过整合全国范围内消防协会、消防生产企业、施工企业、技术服务企业等完成行业整合。目前公司经营的产业链中含防火规范制修订、消防技术研究、消防产品研发、设备制造、工程设计、技术咨询、工程施工和维护保养服务，并向新型防火材料、车辆消防和智慧消防的新业务突破。

二、全产业链发展，带动行业整合

目前威特龙已经构建了公共交通、航天航空、石油石化、公共建筑、通信、国防等十多个行业的整体消防解决方案，形成了油气防爆抑爆、高压细水雾灭火、城市交通隧道火灾蔓延高效抑制等核心前沿技术。未来将在文物古建筑行业、清洁能源行业、公共交通行业、智慧消防行业中实现新业务的突破，扩大利润增值空间。尤其是在我国经济进入新常态后，公司将消防产业和"互联网+"深度融合，正在全力研发和完善工业火灾报警系统、自动灭火系统等智慧消防产品，满足未来社会和市场发展的需求升级。

消防安全是关系到公共安全的特殊行业，与民生息息相关的各行各业均是消防器材行业的下游行业。目前公司经营的消防产业链中含防火规范制修订、

消防技术研究、消防产品研发、设备制造、工程设计、技术咨询、工程施工和维护保养服务，加强行业装备产品的研发制造，未来以新型防火材料、车辆消防和智慧消防的新业务突破，有助于推进消防全产业链业务。公司在发展过程中根据市场和用户的需求不断创新服务模式，由最初的生产、销售模式，发展到建设—交付模式（BT 模式）、租赁托管模式、PPP 项目合作模式等，提高服务的附加价值。

三、创新"主动防护"核心技术，完善行业解决方案

威特龙是国家火炬计划高新技术企业，自成立以来一直将技术研发作为提升公司核心竞争力的关键，始终关注行业专用消防领域，形成了以"主动防护、本质安全"为核心理念的消防技术，到目前为止，公司已经形成了石油石化、军队、电力、公共交通、新能源、文化遗产、冶金等十多个行业的整体解决方案，五大产品线系列，52 种产品，150 个型号的行业专用产品。据测算，公司面向的行业消防市场容量达 30 多亿元。

公司现有多项前沿技术储备，既包括文物建筑工人光源消防安全、煤粉泄漏事故主动防护、石化企业电气安全监控及火灾预警、危险化工品事故池消防设计、民航重大事故消防灭火救援，也包括防火材料等与公司现有业务紧密相关的其他领域的探索，这些技术储备使公司的技术水平始终处于行业领先地位。

四、众多行业市场准入许可，长期合作伙伴持续创造高效益

威特龙目前的 6 个大类、52 各种类、共 150 个规格型号的产品全部实现了产业化运作，形成了比较完善的产品体系，促使公司成为全国消防领域产品品种最多、配套能力最强的企业之一，达到了加速消防技术成果转化，全面布局消防安全产业，实现全产业链整合的目的。公司以领先的技术、优质的服务和国际国内产品认证的优势，为石油石化、电力、冶金、交通、国防、航空航天、文物古建筑、公共建筑、市政建设等行业提供消防安全整体解决方案，成为中国石油天然气集团公司、中国石油化工集团公司、中国海洋石油总公司、陕西延长石油（集团）有限责任公司、中国铝业公司、中国神华能源股份有限公司、中国移动通信集团公司、中国船舶重工集团公司、中国航空工业集团公司、中国建筑材料集团有限公司、国家电网公司、中国五大发电集团、大连港集团有限公司、宝钢集团有限公司等企业的重要合作伙伴。

第二十五章

江苏国强镀锌实业有限公司

第一节　总体发展情况

一、企业简介

江苏国强镀锌实业有限公司（以下简称"江苏国强"）始建于 1998 年 10 月，总部位于素有江南明珠、丝府之乡之称的江苏省溧阳市，溧阳西隅之千年古镇——上兴镇。公司毗邻宁杭高速公路，高速公路上兴出口距离公司 1 公里，公司距离南京禄口机场 40 公里，104 国道傍厂而过，公司内建有十舶位、年装卸量 200 万吨的水运码头，水陆交通便利。公司占地 2000 余亩，员工 5000 余人，工程技术人员 200 余名，拥有专利 80 余项，近五年研发投入超过 1 亿元。

公司经过 20 年的不懈努力，现有生产板块主要为镀锌产品事业部、交通安全产品事业部和新能源产品事业部三大事业部，其中交通安全产品事业部固定资产投资 8 亿元，员工 1300 余人，拥有高速护栏、镀锌制品、高频焊管生产线 40 条，具备 100 万吨的年生产能力。江苏国强为"中国民营企业五百强""中国交通百强""中国工业行业排头兵""江苏省平安企业""常州市五星企业"，以及荣获"AAA 级资信企业""中国钢管领导品牌""江苏省名牌产品""中国交通名牌产品""2017 全球光伏支架企业首榜"等多项荣誉。江苏国强通过了 ISO14001 环境体系认证、OHSAS18001 职业健康与安全体系认证及国际 API 认证。严格、规范的质量管理体系，为确保产品品质的稳定和持续提高，向顾客提供优质的售后服务，奠定了坚实的基础。江苏国强以更为严格的要求促进企业在品质、管理、服务上向世界一流企业迈进。

在国内公路护栏板市场中，前 10 大供应商占超过 80% 的市场份额，其中江苏国强市场占有率 40% 以上，长期位居第一；光伏支架供货量位居国内第一；镀锌制品、消防管道、石油管道、压力管道、结构型材等供货量位居华东地区第一。另外，公司不断拓宽国际市场，生产经营的产品成功销往美洲、欧洲、中东、东南亚等 20 多个国家和地区，公司与美国、印度、荷兰、澳大利亚、阿联酋、韩国等国的客户建立了长期业务合作关系，产品在众多国际工程项目应用中受到一致好评。

江苏国强秉承"成为富有社会价值的公众企业"的愿景，以"为员工创造更好的生活"为使命，以"正直诚实、勤奋乐观、务实严谨、团队协作、精益求精"为企业的核心价值观，积极创造和谐的内外部发展环境，努力实现经济效益和社会效益"双赢"的局面，热心公益事业，设立了"袁氏兄弟奖学金"，参与实施了"春蕾计划""溧阳市公益募捐"等社会公益活动，在促进地方经济发展的进程中做出了应有的贡献。

二、财年收入

2016—2018 年江苏国强镀锌实业有限公司财务指标如表 25-1 所示。

表 25-1 2016—2018 年江苏国强镀锌实业有限公司财务指标

年份	营业收入情况		净利润情况	
	营业收入（亿元）	增长率（%）	净利润（万元）	增长率（%）
2016	56.1	30.6	1406.5	26.2
2017	98.1	75.1	2397.2	70.4
2018	112.9	15.2	6404.9	167.2

资料来源：江苏国强财务报表，2019 年 2 月。

第二节 主营业务情况

一、主营业务

江苏国强 2010 年之前开发螺旋焊、自清洁纳米涂层护栏；2012 年开发声屏障产品；2013 年主要开发西格马立柱和 230 护栏板；2014—2015 年主要开发太阳能光伏支架；2016 年热镀锌管不断拓展市场。公司产品结构由建筑用镀锌管、高速公路护栏为主，扩大到声屏障、电力、通信、水务等领域。目前正重点开发高强度新型护栏产品和智能集成式升降平台等，客户遍布全国各省，主要合作单位包括中交、葛洲坝等央企，多家省级交通工程公司及大型房地产开发企业。产品用于消防管道、道路、桥梁防护安全、建筑安全等。公司不断调整产品结构和市场结构，加强品牌发展与推广，成效显著，圆满完成公司战略规划目标，销售额逐年攀升。

公司制定了清晰的技术开发目标，积极引进先进技术和技术标准，主编起草了《GB/T 31439 波形梁钢护栏和 GB/T 31447 预镀锌公路护栏标准》，广泛开展产学研等技术交流与合作。公司通过人才与项目对接、强化技术经济分析论证、以技术产业化作为衡量技术拉动发展的关键指标、项目专家组评估验收等措施，增强保障了技术的先进性和实用性。公司和华南理工大学、常州大学等高校和研究机构达成产学研合作协议，本着"真诚合作，互惠互利，共同发展"的原则，开展多形式、多层次的技术交流与合作。

二、重点技术和产品介绍

（一）镀锌管材料

公司所生产的各类镀锌管、镀锌管螺旋等均是行业内最高标准产品，成功入选国家重点工程采购名单。

产品核心优势：

（1）通过了 ISO9001 质量体系认证和 ISO14001 环境体系复审，产品注重安全环保高品质。

（2）采用日本新日铁公司联合开发预镀锌技术，工艺领先于同行。

（3）镀锌层厚度、附着力，水压、外力压测试等均超过国家标准。

（二）高速公路安全材料

公司所生产的各种高速公路安全材料，包括立柱、二波、三波护栏板、标志杆、标志牌、隔离栅，以及与之配套的产品，均执行国家规定的质量标准，其高速公路护栏执行 JT/T 281—2007、JT/T 457—2007 和 GB/T 18226—2000 标准。

产品核心优势：

（1）护拦板漆面采用纳米涂层技术，具有长期抗腐蚀氧化，漆面不龟裂等特性，使用寿命长。

（2）护栏站桩、栏板材料采用顶级优质钢材，抗扭抗暴性能优异，在发生高速交通事故时能最大限度保障车辆不冲出护栏。

（3）安装工艺简单，后期维护养护方便，成本低廉。

（三）智能集成式升降平台

公司通过自主研发智能集成式升降平台，掌握核心技术，直戳建筑行业高层、超高层作业安全痛点，将传统的高处作业变为低处作业，将悬空作业变为架体内部作业，使建筑施工更加安全可靠。

产品核心优势：

（1）材料使用量小，维护成本低，易回收，可重复使用。

（2）产品设计理念超前，技术在建筑安全产品方面处于领先地位。

（3）单元化的模式使安装、拆卸高效便捷。

（4）采用智能荷载控制系统和遥控，自行实现升降。

（5）全金属材料，无可燃物质，消防隐患降低至零。

（6）通用程度高，可全面替代各种类型的脚手架产品，而且使用功能更好。

（7）除导轨外，所有主构件均采用热镀锌，耐蚀性好，使用寿命长。

（四）声屏障

公司可根据用户提供的材质、板厚、孔径、孔距、排列方式、冲孔区尺寸、四周留边尺寸进行定制化生产，可进行金属板整平、卷筒、剪切、折弯、包边、氩焊成型。声屏障是广泛应用的隔音屏障的一种，通常安装在高速铁路、公路、城市地铁、城际轨道交通的两端，用来降低车辆快速通过带来的噪音影响。声屏障由钢结构立柱、吸音板两大部分构成，安装、拆卸、移动更加方便，满足了现代社会对隔声降噪的需求，应用较为广泛。

产品核心优势：

（1）绿色建材，无放射性，不含甲醛、重金属等有害物质，遇高温或明火不会产生有害气体和烟雾。

（2）组合式设计，灵活自如，安装拆卸快捷方便。

（3）直平形声屏障，整体平直，上部吸声板呈弧形，可更加有效地控制声音通过屏体上部的绕射，中间以连续的框架结构为主体。

（4）声屏障吸音板不仅吸声、隔声效果好，还具有优异的耐候、耐久性能，保证使用年限。

（5）可选择多种色彩和造型进行组合，景观效果理想，可根据用户要求设计各种不同的型式，与环境相和谐，与周围环境协调，形成亮丽风景线。

（6）与公司在钢材行业的生产制造紧密联系，产生集约效应，产品价廉质高。

第三节　企业发展战略

公司确定了"以做专做精、做大做强热镀锌主业为主，加大声屏障项目投资，延伸公路防护栏，持续研发智能集成式升降平台，扩大产品应用领域，延伸产业链实现'跳跃'发展"的战略。每年末召开战略研讨会，对本年度战略实施情况进行分析和评价，制订下一年度公司经营目标和年度计划，确保公司战略制订与短期计划区间的适应性。

短期目标：筹划营销物流公司推动产品销售；进行产品结构性调整；提升江苏国强品牌，寻求江苏国强新的突破。提升国内外市场营销水平，在国内外新兴市场筹设分公司和办事处。

中期目标：以制造业为龙头，整合各类资源，全面发展，巩固现有市场占有率，组建钢材超市，实现一站式服务，到2025年实现销售收入超200亿元。

长期目标：2030年赶超标杆企业，称雄中国热镀锌产业的强手之林。

（1）产品方面：2019年开始逐步对热镀锌管、热镀锌制品等进行产品升级，配合新厂区筹建工作，将产品继续延伸，增加钢塑复合管等相关产品生产和销售。加大高速公路标志杆、标志牌的生产与销售。重点发展智能集成式升降平台，加强研发、设计、生产及销售。稳固光伏支架、声屏障系列产品销售市场，全面升级工艺水平。计划5年内研发出至少3种新型产品，并申请技术专利。

（2）服务方面：公司多年的服务工作在"尽我所能，竭诚用户"服务宗旨指导下开展，从2014年开始，则在服务宗旨和"始于主动，寓于真诚，终于满意"等服务准则共同指导下进行。2019年，将全面升级企业服务理念，产品升级增加防伪和服务承诺，以"快速满意服务"为原则，高效快速服务于客户。

（3）顾客与市场方面：公司重视产品技术与市场的对接，开发"领先适用"的产品，满足市场的多元化需求，不断巩固原有市场，培育新市场。

（4）营销方面：公司不断完善营销平台和销售模式，优化调整市场结构，加快海外市场开拓，由传统的生产"推动"营销方式变为以市场"拉动"营销方式，并拓展线上电商销售渠道，增加融资租赁等业务模式。已成功入驻五阿哥(阿里巴巴旗下)平台，签订合作协议，掀起线上推广宣传、线上交易模式。同时通过多次国内外大中型展会、钢材市场广告宣传及终端用户走访和宣传，市场开拓明显，前景更加广阔。

（5）技术方面：建立并完善技术中心的体制建设，强化科研实施能力建设，以自主开发为主，引入高科技专业人才。定期召开技术研讨会，分析当前国际国内行业的技术发展状况，评估公司现有技术水平及未来技术的研究方向，找到公司的技术优势和差距，调整和完善技术发展战略。在未来几年，公司将继续加大研发力度，与多家研究院、设计院、高校进行高强波形梁钢板技术开发、镀锌工艺研究、材料结构研究、纳米技术研究等。创造自主知识产权成果，加速科研成果转化，为企业提供多元化技术服务，增强企业竞争实力，推动行业技术进步，使企业在行业中起到领头兵的作用。

（6）人才及管理方面：公司致力于生产智能化应用，规划建立常州市级工程研究中心，不断充实技术力量，加大资金投入，积极引进各类专业人才，努力实行"百人引进计划"，利用行业资源，自主创新，加强知识产权的积累，在制造领域努力实现自动化，创建工业 4.0 示范基地。在不断优化职工队伍的同时，稳定提高产品质量，将生产车间打造成国内真正意义上的智能化工厂。针对制约制造业发展的瓶颈和薄弱环节，加快转型升级和提质增效，切实提高制造业的核心竞争力和可持续发展能力。准确把握新一轮科技革命和产业变革趋势，加强战略谋划和前瞻部署，扎扎实实打基础，在未来竞争中占据制高点。

第二十六章

华洋通信科技股份有限公司

第一节 总体发展情况

一、企业简介

华洋通信科技股份有限公司（以下简称"华洋通信"）创立于 1994 年 8 月，是集科研开发、生产经营、工程安装于一体的江苏省高新技术企业、双软企业，是国家重点研发计划项目产业化支撑单位。作为国内煤矿物联网、自动化、信息化领航企业，公司长期从事该领域的技术研发、推广与服务，智慧矿山示范工程建设，积极致力于物联网技术在感知矿山领域的应用和技术推广。公司主要业务是为煤炭企业提供物联网、自动化、信息化、智能化的技术和产品以及煤炭综合利用节能环保装备，拟近年在科创板上市。

华洋通信拥有"江苏省矿山物联网工程中心""江苏省煤矿安全生产综合监控工程技术研究中心"和"江苏省软件企业技术中心"，是江苏省重点企业研发机构，长期以来坚持科技创新引领企业发展，共荣获省部级科技奖 30 余项、国家授权专利 60 余项（其中发明专利 6 项），获软件著作权 30 余项、软件产品 19 项、江苏省高新技术产品 24 项，70 余款产品获国家安标认证，连续 5 年年均产值超亿元、税收超千万元、研发投入占销售收入 5% 以上。第一个开发了"煤矿井下光纤工业电视系统"；第一个提出并建立了符合防爆条件的百兆/千兆井下高速网络平台，填补了国内空白，达到国际先进水平；第一个开发了"基于防爆工业以太网的煤矿综合自动化系统"；第一个提出并建立了"矿井应急救援通信保障系统"；第一个提出并建立了"基于物联网的智慧矿山综合监控系统实施模式"；公司的"矿用隔爆兼本安型万兆工业以太环网交换机"国内第一个获得国家安标认证。近年来，公司联合中国煤炭工业协会、徐州高新技术产业开发区（国家级高新区），编写了《新版煤矿总工程师手册》第十一篇"煤矿信息化技术""煤炭工业智能化矿井设计规范"（GB/T 51272—2018）和"安全高效现代化矿井技术规范"等标准与规范。

公司先后承担了多项国家级、省部级科研项目，获国家重点研发计划项目2项、国家重点863计划等项目3项、国家发改委重大技术开发专项2项、江苏省科技计划项目1项、江苏省成果转化专项1项、国家及江苏省物联网示范工程建设专项各1项、江苏省省级军民融合项目1项、江苏省战略性新型产业重大项目1项，近5年，完成60多项矿山物联网示范工程建设，其中承建的平煤股份八矿综合自动化工程被评为河南省数字化矿山建设示范工程，承建的山西中煤华晋集团王家岭煤矿信息化工程被煤炭工业协会评为"2016两化融合示范煤矿"。董事长钱建生教授 2016 年获第三届"江苏服务业专业人才特别贡献奖"，2017 年入选科技部"创新人才推进计划科技创新创业人才"，2018 年被入选国家第三批"万人计划"科技创业领军人才。

二、财年收入

2016—2018 年华洋通信科技股份有限公司财务指标如表 26-1 所示。

表 26-1　2016—2018 年华洋通信科技股份有限公司财务指标

年份	营业收入情况		净利润情况	
	营业收入（亿元）	增长率（%）	净利润（万元）	增长率（%）
2016	1.19	-10.92	1977.98	-21.99
2017	1.58	32.78	2718.81	37.45
2018	1.96	24.05	3668.55	34.93

资料来源：华洋通信财务报表，2019 年 2 月。

第二节　主营业务情况

一、主营业务

在国家"两化融合"政策的指引下，华洋通信进行了大胆地探索和实践，不断引进、消化、吸收国内外先进技术和理念，进行宽带无线传感技术、自动控制技术、信息传输和处理技术、故障诊断技术及物联网技术的研究，研制了一系列新设备和新系统，以实现复杂环境下矿山安全生产、设备和仪器、人员的远程监控和协同管理，解决了安全生产高效综采面的协同问题、矿山井下重大灾害的预警问题和矿井灾害的有效搜索等迫切需要解决的问题，取得了显著效果，为智能矿山建设奠定了良好基础。

　　公司主要产品："基于防爆工业以太网的煤矿综合自动化系统""矿用广播与通信系统""矿用无线通信系统""煤矿工业电视监控系统""电厂、化工企业燃料智能管控系统""无人机、机器人盘煤系统""循环氨水余热回收智能装备系统"等物联网、自动化、信息化系统。相关配套产品有："防爆摄像仪、智能手机、平板电脑、交换机、音箱、锂离子蓄电池电源、PLC 以及系统软件"。其产品遍及全国 15 个省 30 多个大型煤业集团的 400 多个大中型煤矿和企事业单位，其质量、信誉获得广大用户的高度评价，公司参与承建的"平煤股份八矿综合自动化工程"被评为河南省数字化矿山建设示范工程、"山西中煤华晋集团王家岭煤矿信息化工程"被煤炭工业协会评为"2016 两化融合示范煤矿"，"煤矿多网融合通信与救援广播系统"被国家安全生产监督管理总局列为"推广先进安全技术装备"。

二、重点技术和产品介绍

（一）已完成的关键技术及工作

1. 智能煤矿安全生产综合监控系统关键技术研究及设备开发

　　首次提出了使用 10/100/1000Mbps 工业以太环网+CAN 现场总线形式，构建基于防爆工业以太网的煤矿综合信息传输网络平台模式，采用环网网络冗余、链路聚集、嵌入式等技术，在国内首次提出、开发并建立了符合防爆条件的井下高速网络平台，实现煤矿各种自动化及监测监控子系统的接入和信息共享。

2. 智能煤矿安全监控系统及接入技术的研究与关键装置的研发

　　配装国产自主研发的悬臂式掘进机及远程监控系统，实现了采掘设备遥测遥控；井下人员定位、安全管理及考勤系统，实现了人员安全管理；网络化煤矿井下风网监控关键技术，实现了矿井瓦斯与风网的实时监测与调控等，提高了检测控制水平；煤矿井下斜巷绞车轨道运输远程安全综合监控关键技术，实现了煤矿井下斜巷轨道运输监控及操作的可视化、智能化，解决了煤矿斜巷轨道运输监控的盲区和难点，消除安全隐患，提高煤矿生产运输安全；煤矿抢险救灾无线音视频传输系统，解决了抢险救灾中地面与井下无法进行音视频通信的关键难题；基于 IP 的煤矿程控电话系统和广播通信系统，实现了煤矿调度通信的革新和升级换代；适合煤矿特点的流媒体信息传输及控制技术，解决了矿井上下之间的远程图像、图形交互传输与控制技术；全分布式控制结构的矿井安全生产自动化监控子系统，实现了对矿井上下运输、四大运转（通风、压风、提升、排水）、井下供电等各安全生产环节的"遥测、遥信和遥控"；多功能综合接入网关，实现了多种有线无线矿井安全系统、生产自动化各子系统的互联和多种类型的分站接入功能，推动了矿井安全生产综合监控与联动控制。

3. 智能煤矿综合监控信息集成软件系统开发

系统采用分布式设计，以安全生产、自动化等信息系统为其子系统，将实时数据流和管理信息流等各子系统集成起来，形成统一的信息平台，并通过企业内部计算机网络平台，基于分布式实时数据库、OPC、工控组态技术，实现了已有各子系统的无缝集成和安全生产实时数据 Web 浏览。

（二）已完成的主要项目

1.《薄煤层开采关键技术与装备》课题"工作面'三机'协同控制技术"（课题编号：2012AA062103）

该项目是 2012 年公司承担国家"863 计划"资源环境技术领域的重点研究课题。该课题以钻式采煤机小型化及模块化技术、钻具定向钻进技术、自动快速换钻杆技术、多钻头截割技术以及煤岩识别装置的研究为主，公司开发出具有快速、高效、定向钻进，并且配有钻具装卸机械手和煤岩识别装置的五钻头小型化、模块化钻式采煤机，满足了我国煤矿井下极薄煤层无人工作面智能开采作业的需要，以充分开采煤炭的有限资源，为煤炭生产的持续发展提供技术保障。

2. 基于程控调度的煤矿多网融合通信与救援广播系统

针对目前煤矿多种通信网络并存的现状，研究多种异构通信系统互联关键技术，提出了多网融合的煤矿协同通信新模式；开发设计基于程控调度的煤矿多网融合通信与救援广播系统，通过程控调度台实现多网互联互通、一键通信、一键广播的统一调度指挥，使用简单，平时服务于日常生产，突发事故时，快速服务救援通信，实现了生产调度、实时指挥、紧急救援的煤矿一体化融合通信的目标；设计了井下音频、视频、监测/监控系统"三位一体"的综合联动控制策略，实现融合通信系统与人员定位系统、安全监控系统和生产自动化系统的联动控制，提升了矿井整体应急响应水平。

3. 千万吨级高效综采关键技术创新及产业化示范工程

该项目是国家发展改革委低碳技术创新及产业化示范工程项目，由中煤平朔集团有限公司、中国矿业大学、华洋通信科技股份有限公司等单位共同承担，依托中煤平朔集团有限公司井工一矿的19108工作面进行开采示范。19108工作面煤厚12.68m，地质储量1447.9万吨，可采储量1231.0万吨。项目研制的高强度、高可靠性的采煤机摇臂、智能型变频刮板输送成套设备、工作面信息集成及远程智能控制系统等，经19108示范工作面运行一年，设备综合开机率达到90%，工作面产量达到1138.1433万吨，实现了工作面安全、高产、高效、节能开采。

（三）关键技术和装备的研发方向

1. 基于物联网的智能煤矿综合监控系统模式

围绕煤矿安全生产的监测、预警和应急处置等需求，融合宽带无线技术和传感器技术，基于煤矿光纤冗余无线工业以太环网骨干网络，构建适应矿井安全监测实时、可靠的新一代有线/无线混合结构的物联网传输系统。需要研究在现有煤矿信息化、自动化建设基础上进行物联网的融合转换和过渡接轨的模式，实现复杂环境下生产网络内的人员、机器、设备和基础设施的协同管理和综合监控。

2. 煤矿生产自动化装备故障诊断技术研究与开发

目前国内外生产自动化装备的最大差距在于，国外设备注重并强调装备系统本身的故障诊断功能，而国内自动化生产系统装备产品本身基本上都不具备设备自身的故障诊断。结合物联网的思想，将设备运行状态参数信息的感知、获取、处理、分析嵌入到设备中，将故障诊断技术融入煤矿安全生产的监控装备和系统中，自主研发煤矿生产自动化子系统装备及大型机电设备故障诊断系统，实现远程控制和网络化远程故障诊断，有效减轻系统维护量，提高系统的可靠性。可以填补国内空白，提高产品的综合性能和整体竞争力。

3. 煤矿无线传感网络系统关键技术研究及其设备研发

煤矿井下环境恶劣，而且随着采掘工作面的不断推进，只依赖于工业以太网，难以灵活、及时覆盖整个矿井，特别是在井下人员实时跟踪定位和矿井灾害救援中，无线网络具有无法替代的作用。本课题将借助于无线网络技术，把无线传感器网络的研究拓展到地下，研究在不同介质间构建无线传感器网络的关键技术；研究自组织与新型网络体系结构，给出有效的覆盖和连通性保持及障碍物避免算法，实现快速自组织重构的抗毁路由技术。研制矿井无线网络基站和与工业以太网连接路由器等煤矿井下无线网络系统关键技术及其设备。

4. 煤矿危险区域目标行为检测与跟踪

以计算机视觉、模式识别和人工智能相关技术为基础的矿井危险区域目标行为检测与跟踪，是智能视觉监控在煤矿的重要应用，将矿井视频监控从事后取证改为基于事前预防和实时事件驱动的监控方式，实现煤矿综合自动化系统基于视频的报警联动。

5. 智能煤矿监测预警信息系统平台开发

结合物联网概念和思想，综合运用多种智能化信息处理技术，基于矿井环境数据自动采集系统，集成已有历史数据，建立数据仓库，研究事故诱发的内在机理。以管理专家的经验知识为基础，结合国家安全生产管理法规，建立煤矿安全专家知识库，实现矿井安全智能化诊断。利用瓦斯动态预测模型，并结合瓦斯分布、重点区域图、开拓延伸工作面图，采用智能技术实现动态预警，最终建立智能煤矿监测预警应急信息系统平台。

第三节　企业发展战略

华洋通信自成立至今，坚持以质量为本、信誉为基、用户至上的原则，始终坚持走科技兴企、自主创新的道路，牢记使命、不忘初衷，积极致力于煤矿安全生产相关技术、产品研发和推广应用。

一、坚持公司发展定位

公司积极参与行业的标准制定，引导行业在物联网、自动化、信息化、智能化方面的技术进步。自主研发 60 多项 MA 产品，与美国 GE、加拿大罗杰康、德国赫斯曼、德国 EPP 等国际一流企业签署战略合作协议，共同开拓煤炭市场。积极参与智慧矿山示范工程建设，推动智慧矿山进程。与客户建立长期合作的战略联盟，为企业的信息化建设提供技术咨询、规划设计、技术培训等技术服务。

二、坚持科技创新，确保领先地位

公司紧紧依靠科技创新，抢抓发展新兴产业机遇，充分发挥公司和中国矿业大学信息技术研究的优势，依托"江苏省煤矿安全生产综合监控工程技术研究中心"，联合承担技术研发、技术标准制定、科技成果转化，建立产学研用联合机制，加快形成设计、研发、解决方案和品牌营销为模式的高端形态，以新的发展方式，走出传统产业低端制造的发展模式，发展智能物联网产业的高端产品，提升公司的整体水平。本着"生产一代、拓展一代、开发一代、规划一代"的研发思路，继续布局国内外先进技术，强化新产品和关键技术的研发投入，保障公司产品始终处于行业顶端。

三、大力实施人才战略

坚持"以诚聚才、任人唯贤，以人为本，人尽其用"的原则，不断培养、引进高层次人才和急需人才。完善人才管理体制，引进先进管理经验，形成一套科学规范的管理模式；创造优良人才成长环境，鼓励人才参加各类学习培训，鼓励创新，对取得优异成绩者给予奖励；建立良好的人才使用和流动机制，实行竞争上岗，不断整合优化内外部人才资源，借助中国矿业大学的人才优势，为企业发展提供人才支撑，让华洋通信不断走向成功。

四、实施科学规范化管理

重合同、守信誉、严格履约，在管理中严格执行 ISO9001 的质量管理体系要求，全面落实技术培训和操作指导，按照设计标准和用户要求严格组织生产、检验、售后服务，保证产品质量安全可靠，加强与用户回访交流，畅通信息反馈渠道。

五、坚持可持续发展战略

坚持可持续发展战略，调整发展思路，加大研发投入，产品、技术、服务不断延伸，业务从传统的煤炭行业安全服务向非煤行业拓展，保持了新常态下的发展趋势，目前无人机应用和污水处理等技术服务已初见成效，为公司发展注入了新动力。

随着国家"互联网+"和中国制造强国战略的实施，公司采用物联网、智能控制技术对产品进行不断升级换代，将视频监控系统、广播通信系统与综合自动化系统进行深度融合，向智能控制方向发展，并将物联网、信息化、智能控制技术应用从煤炭开采逐步拓展到煤炭储装运、煤炭深加工、煤化工、煤焦化、燃煤发电等煤炭产业链相关的工业领域，实现技术优势向经营业绩的转化，不断提升公司的综合竞争力。

第二十七章

中防通用电信技术有限公司

第一节 总体发展情况

一、企业简介

中防通用电信技术有限公司（以下简称"中防电信"），是国内专业应用物联网技术提供"安全""健康"运营服务的高新技术企业，是中国安全产业协会常务理事单位和物联网分会发起单位。

中防电信以"为人类安全护航""为人类健康护航"为企业愿景，秉承"感恩、责任、忠诚"的责任心，经过10年的产业布局，集团公司已在安全物联网领域形成了比较完整的产业链布局，主要面向全球提供领先的传感器产品、专业的安全产业物联网解决方案与内容服务。此外，集团公司旗下还拥有以"服务军工、关注细节"的北京特域科技有限公司，专业从事电能质量第三方咨询服务的北京中电联合电能质量技术中心，集科研、医疗、保健为一体的中国中医远程医疗中心有限公司，专攻能源品质监测的中防通用能源监测有限公司，以及提供安全技术防范、安全防护、安防监控、城市公共安全、城市远程消防等服务的中防通用河北保安服务有限公司。中防电信的产品已通过多项国家专利认证、公安部消防局CCC认证，广泛应用于国防、公安、消防、航空航天、石油化工、基层中医健疗等关键领域，相继问鼎西昌卫星发射中心、中国文昌航天发射场、天津河北区消防支队、秦皇岛北戴河公共安全监控、北京朝阳区消防支队等多个消防工程项目。

中防电信产业布局面向全球，国内除北京总部外，先后在河北怀安、湖北武汉、湖南长沙、山东济南、四川成都建立子公司，在天津、陕西西安、河南郑州、内蒙古包头、辽宁沈阳等地设立办事处，建立了北京"安全物联网监控管理平台"和"玉生堂·慧中医"系统研发中心、河北怀安"硬件研发·测试·试验·展示·制作·远程运维·培训"基地、武汉"硬件（智能通信终端、智能摄像机、智能中医诊断终端）"研发部、西安"光学（紫外、红外、激光）应用"研发部；国外在以色列建有研发中心，在美国、意大利、马来西亚、印度尼西亚分别设有办事处。以全球为视野，是集团未来发展的主流，也是迅速占领安全产业市场、实现技术升级改造的有效手段，中防电信联合产学研，与北京邮电大学、华北电力大学等机构建立了良好的战略合作关系。

二、财年收入

2015—2017 年中防通用电信技术有限公司财务指标如表 27-1 所示。

表 27-1   2015—2017 年中防通用电信技术有限公司财务指标

年份	营业收入情况		净利润情况	
	营业收入（亿元）	增长率（%）	净利润（万元）	增长率（%）
2015	1.89	7.3	3785	5.4
2016	2.02	6.7	3956	4.5
2017	2.14	5.9	4103	3.7

资料来源：中防电信财务报表，2019 年 2 月。

第二节　主营业务情况

一、主营业务

中防电信以"联合产学研，服务安消防"为经营理念，以雄厚的技术实力为依托，通过不懈努力，已发展成为集产品研发、技术引进、系统集成、运营服务于一体的现代化企业。公司长期致力于为城市管理者提供宏观的管控，其公共安全物联网监测预警综合平台是一套经济、高效、智能的信息资源综合平台，能对重大危险源进行具体有效的物联网监控，使城市管理者做到时时在线监测，做到心中有底；研发的应急调度指挥系统协助城市管理者应对突发事件，城市公共安全闭环监测调度系统让城市公共安全管理做到可管可控。

2018 年，公司在继续与河北省张家口市（全国安全发展示范城市、全国标本兼职遏制重特大事故试点城市）开展合作的基础上，加大了中防通用中医网络医院有限公司的研发及市场运营投入，取得了一定成效。中防电信发展"互联网+中医药"新模式,投资的"玉生堂·慧中医"2.0 系统目前已经完成系统平台建设,智慧门诊设备已经进入临床阶段。2018 年 6 月 29 日在"2018 第二届海南国际高新技术产业及创新创业博览会"上首次亮相以来,获得了国内外各方的高度关注。国际上"一带一路"国家俄罗斯、吉尔吉斯斯坦、哈萨克斯坦等国家多个代表团来到北京体验"玉生堂·慧中医"的魅力,并达成多个合作意向;2018 年 5 月 17 日,由哈萨克斯坦医学会、欧亚医学会灾难医学分会主办的"第 15 届世界灾难医学峰会论坛"在哈萨克斯坦阿拉木图隆重召开,中防电信应邀出席了此次会议并做了"中医药在灾难中的作用"为主题的演讲。

二、重点技术和产品介绍

(一)城市公共安全监控 4.0 系统

1. 安全风险电子地图

根据张家口实际情况,建立张家口安全风险源辨识标准,依据标准实现分级管控,有的放矢地实施 7×24 小时实时监控。四色图像直观、持续改进的优点正在张家口得以展现。安全风险电子地图通过信息化的方式,实现监管对象的形象化、可视化、具体化,提高监管效能。突出重大风险、重大隐患、重大危险源等安全监督的重点对象,让相关监管部门知道安全监督工作的重心在哪里;为政府的安全生产监管提供决策服务,为政府的事故应急救援提供决策服务,为企业的安全状态提供警示作用;通过事故的可能性、事故后果的严重性、风险控制能力评估、风险矩阵建立及级别鉴定等方面综合评定后,确定风险级别。

2. 危化品运输监控

中防电信在 2018 年完成张家口联合石化的试点工作。利用物联网技术对危险化学品生产、储存、运输、经营、使用、销毁等全过程中的储存安全风险进行在线试点监测、分析和预警,模拟"闭环管理、专项整治、综合评级、应急处置"一体化,该试点项目如果能够在张家口展开,将有效提升城市本质安全水平。

3. 崇礼冬奥会滑雪场边界防护系统(试点)(以本安型光纤震动传感器为例说明)

本着服务奥运的宗旨,从实际需求出发,中防电信与张家口市公安局合作，在崇礼滑雪场技巧赛主赛场建设了滑雪场光纤震动边界防护系统（试点）项目。该（试点）项目将是确保奥运场地外围边界安全的主要防御和监测手段，目前，项目已通过奥组委、省公安局的检查。

中防电信组织科研攻关团队，长期从事本安型光纤监测系列产品的研发。光纤传感器系列产品具有本质安全、免维护、寿命长、传输距离远、实时在线监测、精准预警定位、能适应各种恶劣环境、施工安装便捷等诸多优点。公司研发攻关的光纤系列产品包括：基于光纤传感技术对甲烷、一氧化碳、氨气、氧气等气体浓度的在线监测预警产品，基于光纤传感技术分布式在线温度监测预警产品，基于光纤传感技术分布式在线振动监测预警产品，基于光纤传感技术分布式在线音频监测预警产品。

4. 应急联动指挥平台

应急联动指挥平台，适用于国内各级政府部门和企事业单位的应急平台和应急平台体系建设需求，以信息化方式实现事中响应和联动，为国内应急大数据形成奠定坚实的基础，全面满足属地为主的应急管理和跨级、跨部门、跨区域的全过程应急联动需求，打破了美国产品在全球应急软件领域中的垄断地位，是专门为各级政府、专业应急机构、企业提供先进应急产品和完整解决方案的软件平台。

（二）"玉生堂·慧中医" 2.0 系统

中防电信投资建设的"玉生堂·慧中医" 2.0 系统，以"三部六病"学说为诊疗框架，以方便客户就医、改善就医体验为出发点，采用分布式、可按需在不同地域部署的智慧门诊，为客户提供便捷的中医诊疗服务；采用基于远程数据中心的信息管理系统，为客户提供信息获取、注册、查询的窗口；采用分布式智慧药房为客户提供中药配送服务；采用定时检测（慧中医门诊）与实时监测（可穿戴型实时测量设备）相结合的手段，为客户提供及时有效的中医诊疗和健康管理平台。

智慧医疗系统，包括智慧门诊、门户网站、微信公众号、药房/物流管理系统、后台管理系统、客服系统和运维系统。其中智慧门诊是系统的核心产品，包括智慧门诊终端和门诊助理工作站两部分。智慧门诊终端是定制开发的"标准化、可复制、可推广"的小型中医馆，可按需在不同地域部署，主要承担"四诊"数据采集、智能诊断、诊断结果实时显示、诊断数据上传等核心任务；门诊助理工作站主要完成客户建档、挂号、签到、分诊、收费结算任务。

第三节 企业发展战略

一、以先进技术为核心

先进技术是集团发展的原动力，中防电信从建立之初就非常重视技术的引进和消化吸收，一直秉承着"以科技为动力，专业打造物联网安防应用平台"这一原则。目前，集团成功引用并实现产业化的技术有：云计算技术、现代通信技术、传感器技术、RFID 技术、智能视频监控技术、周界防范技术集群。集团以这些技术为核心，研发了安全监测预警应急综合平台等系列产品，能同时覆盖多个领域，安全可靠稳定，提高了资源整体的利用率。

二、采用合理的生产模式

根据信息电子产品的生产特点以及市场响应速度要求，合理进行资源配置和利用，在"基线产品+定制产品"的基础上形成了"自主生产+外协加工"的生产模式。视频监控产品生产的核心环节包括两部分，一是以公司自行研发的以编解码技术、视频采集技术等各类技术为基础的价值实现过程，包括产品的系统（整机）设计、产品的机械结构设计、电子电路的设计开发、嵌入式软件的设计开发以及生产工艺的设计；二是产品的高技术含量工序，即软件嵌入、PCBA 件检测、部件电装、联机调试、成品调试检测等环节。

三、推出前端的高精产品

经过对市场的深度研究，中防电信引进国外先进技术，以高于同行业的技术规格成功推出多种高端产品。目前，公司产品分为五类：智能通信监控终端、监控设备、光纤在线监测仪、"玉生堂·慧中医"终端设备以及配套产品。这五类产品在工业自动化、物联网、智能交通、网络安全、医疗设备等领域都可以得到广泛应用，为推动我国安全产业基础建设发展做出努力。

尤其值得一提的是，中防电信推出的微型计算机以其低功耗、高性能、高可靠性、安全性和强拓展性，一面世便得到市场的一致好评。光纤光栅在线监测预警系统具抗电磁干扰、高绝缘性等特点，可对运行状态下的电力设备进行直接检测和故障定位，检测既不影响系统正常运行，又能直接反映运行中的设备状态，广受市场好评。从软件、硬件到系统，中防电信都可以根据客户需求进行专业化的定制服务，提出专业的解决方案，解决客户之所需。

四、针对全国范围进行市场推广

针对公共安全物联网监控预警综合平台的需要，中防电信将建设以县级区划为基本单位，大区域为核心，覆盖全国的办事处。初步设计以北京为中心，下设五大区域：东北大区、华北大区、西北大区、华东大区和华南大区；大区域下辖县级地区办事处，由大区域总监负责管理。大区主要对所辖办事处进行管理，制定所在区域的发展规划并上报北京总部，在获得批准之后，负责贯彻落实，同时，按照发展规划指导工作，对所辖区域的工作进行监督。县级办事处的主要职能是提供产品的售后服务，开拓当地市场，维护重点客户的关系，将公司产品带进市场。

第二十八章

江苏八达重工机械股份有限公司

第一节　总体发展情况

一、企业简介

江苏八达重工机械股份有限公司（以下简称"江苏八达重工"），始建于1986年，是在天交所挂牌的科技研发型民营股份公司，国家火炬计划重点高新技术企业、省创新型企业、省百家优秀科技成长型企业、省科技小巨人、省两化融合试点企业，是国内唯一研发、制造、销售双臂手大型救援机器人和"双动力"绿色环保特种工程机械的现代化企业。

企业位于新沂市经济开发区内，注册资本5733万元，总资产1.57亿元，公司于2012年在天交所挂牌。公司始终致力于研制"双动力"全液压轮胎式抓斗（抓料）起重机、多功能机械臂、机械手和应急救援机器人产品，在同类产品中市场占有率达到了80%～100%。

江苏八达重工科技创新实力雄厚，多次承担国家级、省级科研项目，建有江苏省企业院士工作站、国家级博士后科研工作站、省企业研究生工作站、省"机电混合动力"工程机械工程技术研究中心等科研平台，拥有较强的研究开发实力。公司拥有专利近50项，产业化实施率高达90%以上，在新沂市机械行业属龙头企业，经济效益和社会效益良好。

公司研发的双臂手轮履复合式救援工程机器人先后参加了雅安地震救援、深圳滑坡事故救援、2017年福州全国公路交通军地联合应急演练，受到了武警部队的赞誉和嘉奖。中央电视台10频道分上下两集进行专门报道，美国国家地理频道组团来华拍摄专题片并在全球播放。

二、财年收入

2016—2018 年江苏八达重工机械股份有限公司财务指标如表 28-1 所示。

表 28-1　2016—2018 年江苏八达重工机械股份有限公司财务指标

年份	营业收入情况		净利润情况	
	营业收入（亿元）	增长率（%）	净利润（万元）	增长率（%）
2016	0.85	22	668	21
2017	1.06	25	826	23.6
2018	1.17	10	877	6.2

资料来源：江苏八达财务报表，2019 年 2 月。

第二节　主营业务情况

一、主营业务

江苏八达重工是一家三十年来始终致力于研发液压重载机械臂（抓料机）产品的专业制造商，也是中国最早研制相关液压重载机械臂产品的单位。产品共有四大类、20 多种规格，单臂负荷能力覆盖范围 1～20t，相关油电"双动力"抓料机液压机械臂产品曾分别列入国家新产品试产计划、火炬计划项目支持。公司为国内外近千家车站、港口码头、造纸、钢铁、人造板、生物质发电、棉花加工行业，以及核基地、空军部队、武警部队等用户提供了特殊、系列成套的物流装卸、重型应急救援等特种装备，解决了相关行业和用户针对大公司不做，小公司做不了的特种装备需求，受到了用户的高度赞誉。

江苏八达重工是中国最早的抓料机研制单位；是中国最早研制油电"双动力"驱动技术发明单位（公司前身于 1994 年获得该项技术第一代国家专利权，2003 年又获得该项技术第二代国家发明专利权）；是世界最大的救援机器人系列化产品成功研制单位（于 2005 年向国家提出可研报告，2010 年列入国家科技支撑计划项目，2014 年研制成功并通过国家项目验收）；是有关"电气化高速公路"项目的发明及倡导单位（于 2008 年向国家提出可行性报告，2015 年组织申报国家"十三五"重点科技研发计划项目）。

公司的战略发展定位领先同行企业。科技定位：环保、节能、高端。市场产品定位：物流技术与装备研制，抢险救援技术与装备研制，低碳、环保型绿色公路及城市交通体系；规模化、产业化、绿色化、高端化发展物流装备研制及新兴物流产业；以国家项目为支撑、以各家研发合作单位为基础、以政府机构为平台、以资本机构为依托、以用户及市场需求为目标，积极探索我国的"政、产、学、研、资、用"新型科技研发及产业联盟创新机制。

二、重点技术和产品介绍

（一）抢险救援机器人

BDJY38SLL 型双臂手轮履复合智能型抢险救援机器人是国家"十二五"科技支撑计划项目重点攻关、研制的产品，在各种自然灾害和重大事故现场，机器人可以轮履复合切换行驶，快捷、及时地到达现场，可以油电双动力切换驱动双臂、双手协调作业，可以在坍塌废墟现场实现剪切、破碎、切割、扩张、抓取等 10 项作业，可以进行生命探测、图像传输、故障自诊等。实施快速救援，"进得去、稳得住，拿得起、分得开"，最大效率地抢救人民生命财产，已获得国家多项发明专利。

（二）液压重载工业机器人

铸造过程中搬运、清砂、打磨等重要作业基本采用人工操作方式，自动化程度低，工作环境恶劣，生产效益低，质量控制差，急需承载能力强、工作空间大、定位精度高、功能集成的自动化作业重载机械臂。然而，目前国内的各类机器人产品，突破吨级负载已显得尤其困难。面向铸造行业的液压机械臂，其承载能力大幅提升，但是仍然存在定位精度差、工作可靠性低、作业效率低等问题。面对精细、可靠、高效作业要求的挑战，开展液压重载机械臂关键技术的研究，研制满足铸造生产及市场需求的关键装备，具有极为重要的意义。液压重载工业机器人的研制，可彻底改变铸造机械臂依赖进口产品的现状，有效提升铸造行业的自动化和智能化水平；其关键技术的突破，为未来我国液压重载机器人负载能力向十吨级、百吨级目标发展打下坚实基础，因此具有显著的经济效益和社会效益。

（三）履带式抓料机

WYS 系列液压履带式抓料机根据最大吊起重量有三个档次，拥有多项自主知识产权，突出优势是具有"双动力"驱动功能，适用于港口码头等货物的装卸、堆垛、喂料等抓放作业及抢险救援。江苏八达重工开发的世界领先的"双动力"驱动技术，增加了机械运转的可靠性，同时机动灵活易操作，公司还为客户提供各种附属产品配置，提高性能保障，安全可靠。

（四）液压轨道式抓斗卸车机

江苏八达重工在长期研发和生产过程中把设备的可靠性和稳定性放在首位，服务客户的理念领先同行企业。液压轨道式抓斗卸车机最大起重量为 20 吨，其底盘稳定可靠，而且可以灵活行走，电动机最大功率为 110kW。最大工作幅度和最大作业深度、最大作业高度都领先于同行业其他产品，在保证安全和稳定的同时，液压轨道式抓斗卸车机可以高效运转，完成装卸和堆垛任务。

（五）铁路救援起重机

针对 40 吨级铁路救援起重机，公司有三种机型供用户选择——QYJ40 型、QYJ40A 型和折叠臂型，这三种产品均适用于铁路及大型企业进行线路维护、装卸货物和救援工作，尤其适用于不打支腿铺设 12.5 米长灰枕和木枕轨排、相邻线装卸轨排等作业工况。

第三节 企业发展战略

江苏八达重工高度重视科研工作，提出了"科技创新，以人为本"的发展战略，在科技研发和成果转化方面，近三年公司逐年加大了经费的投入力度，尤其在产学研合作项目、检测设备、先进应用软件平台及高精尖设备方面，投入巨大，年均科技经费投入达千万元以上，并且逐年增长，企业经营状况持续向好。经过长期坚持科技研发和创新，公司拥有专利发明 57 项，其中发明专利 12 件，在油、电双动力物流装卸机械、抢险救援机械等主机产品上取得了重要突破。公司承担包括国家科技支撑计划、江苏省重大科技成果转化专项资金项目、江苏省双创计划、江苏省企业博士集聚计划等一大批项目，项目管理和实施有较好的基础和经验。

近年来，公司因资金链问题，严重制约了企业产业化发展。因此，公司董事会做出决议，决定采取资本引进来（可出让控股权），或是"四带"走出去（带项目、带技术、带用户、带资产）寻求产业化合资（需控股）。目前，与合作伙伴共同实施年产 1000 台新能源抓料机、重型救援机器人及工业机器人产业化项目，具体介绍如下。

一、年产 200 台重型救援机器人产业化项目

经过武警交通部队对公司救援机器人产业化项目进行全面考察后，双方已建立起紧密合作关系，双方已签订"军民融合重点项目合作"协议。该项目主

要包括"BDJY38 型双臂双手智能型轮履复合式救援机器人""BDJY50 型双动力双臂手智能型轮胎式救援机器人""BDJY60 型双动力双臂手智能型履带式救援机器人",能够实现无线遥控作业、轮履复合切换行驶、配装高压水枪(水炮)或泡沫灭火等 12 项主要功能,市场用途有:

(1)替代人工,用于各种自然灾害施救作业;

(2)满足各种重大交通事故抢险救援需要;

(3)满足重大工业事故、爆炸事故抢险救援需要;

(4)配备军队满足对驱暴、防暴需要,应对恐怖事件、战争、核事故救援需要。

二、年产 500 台油电"双动力"新能源抓料机产业化项目

该项目系列产品为江苏八达重工所开发研制,并具有完全的自主知识产权。经过二十多年的艰苦研发,目前公司拥有自主知识产权的油电"双动力"物流机械、应急救援装备,共有九大系列、60 多个规格型号的产品。这种既有内燃机动力驱动,又有 380V 电力驱动的"双动力"系列全液压驱动专利技术产品,应用范围非常广泛,在相对固定的起重和装卸等作业场所(有动力电源),都可以选购"双动力"驱动机构设备产品,其具有节能环保、安全防火、一机多用的独特优越性。在重点防火的造纸、棉麻、人造板行业进行物料作业,在抢险救援现场作业,都能够发挥重要作用。

三、大型系列救援机器人产业化项目

该项目是由江苏八达重工机械有限公司牵头,联合浙江大学、北京航空航天大学、大连理工大学、西北工业大学、机械科学研究总院和山河智能装备集团共同承担的国家"十二五"科技支撑计划重点项目,该项目研发的大型抢险救援机器人技术已获得国家多项发明专利。在各种自然灾害和重大事故现场,机器人可以轮履复合切换行驶,快捷及时地到达现场;可以油电双动力切换驱动双臂、双手协调作业,在坍塌废墟现场实现剪切、破碎、切割、扩张、抓取等 10 项抢险任务作业,并能进行生命探测、图像传输、故障自诊等。该机器人在雅安大地震以及深圳特大滑坡事故救援过程中发挥了不可替代的作用,被称之为"麻辣小龙虾救援机器人",受到国务院、武警部队领导和灾区人民的高度赞誉。当前,"麻辣小龙虾救援机器人"已列装到武警交通部队,并且正在组织实施项目产业化工作,项目建设完成后,可实现年销售收入 12 亿~15 亿元,创利税 2 亿~3 亿元。项目建设及达产周期 3~5 年,产品的社会意义重大,市场前景广阔。

政 策 篇

第二十九章

2018 年中国安全产业政策环境分析

　　2016 年年底，继新中国成立以来第一个以中共中央、国务院名义制定的安全生产工作纲领性文件——《关于推进安全生产领域改革发展的意见》出台之后，为贯彻落实该意见精神和党的十九大报告中提出的"树立安全发展理念，弘扬生命至上、安全第一的思想"要求，2018 年，《关于推进城市安全发展的意见》《关于加快安全产业发展的指导意见》《安全生产专用设备企业所得税优惠目录（2018 年版）》《国家安全产业示范园区创建指南（试行）》等安全产业相关利好政策密集出台。政策的持续加码为安全产业进入爆发增长期提供了良好的环境，有力推动了 2018 年安全产业持续向好发展。

第一节　中国安全生产形势要求加快安全产业发展

　　2018 年，全国自然灾害因灾死亡失踪人口、倒塌房屋数量和直接经济损失比近 5 年来平均值分别下降 60%、78% 和 34%，安全生产事故总量、较大事故、重特大事故同比实现"三个下降"，全国安全生产形势持续稳定向好。但由于我国安全生产基础薄弱，安全风险复杂繁多，重特大事故仍时有发生。我国现有各类企业 3000 多万家（其中危化企业 3 万多家），非煤矿山 8 万余座，油气管道 8 万公里，百米以上高层建筑 6512 栋，地下轨道交通线 1061 条，每天有 4400 万人乘坐地铁，130 万人乘坐飞机，30 万辆在途危化品运输车，安全隐患数量多风险大，要保持安全生产形势继续稳定好转仍需时刻保持警惕。

　　从产业助力本质安全水平提升、减少安全生产事故的角度，加快安全产业发展，为安全生产提供更多更具安全保障能力的产品、技术、装备和服务，是积极应对当前安全生产严峻形势的重要途径。

第二节　宏观层面：国家对安全重视需要加快安全产业发展

2018 年 3 月，我国十三届全国人大一次会议上启动了新一轮国务院机构改革，做出了组建应急管理部的重要决策，这一决策是贯彻落实党的十九大报告"树立安全发展理念，弘扬生命至上、安全第一的思想，坚决遏制重特大安全事故，提升防灾减灾救灾能力"指示的具体行动，是解决我国新时期安全应急治理问题的重要举措。新组建的应急管理部在职责任务的设置上充分体现了大安全、大应急理念，除原国家安监总局"负责安全生产综合监督管理和工矿商贸行业安全生产监督管理"的职责整合到应急管理部外，基本可以实现以安全为出发点去进行资源整合和力量统筹，使指挥和任务集中聚焦，防止出现改革前以条块切割、职责分配、监管属性等为理由的监管缺位、职责不清、安全真空地带等问题，国家对安全问题的重视从此次国务院机构改革可见一斑。

"坚持以防为主、防抗救相结合，……努力实现从注重灾后救助向注重灾前预防转变，……全面提升全社会抵御自然灾害的综合防范能力。"习近平总书记关于应急管理的指示精神表明，"预防为主"仍然是我国安全和应急管理的重要原则，这与安全产业"源头治理"的发展初衷不谋而合。在国家重视下，以提升社会安全保障能力和本质安全水平为目标的安全产业应加快发展步伐，为推动实现"中国梦"贡献安全产业的力量。

第三节　微观层面：安全产业投融资体系亟待健全

与机械、化工等传统行业相比，安全产业在我国仍属新兴产业，企业规模普遍较小，以中小企业为主。这些企业与其他行业的中小企业一样也面临着融资难的困境。但与其他行业可能有所不同的是，安全产业是关系百姓生命财产安全的民生产业，在减少社会事故发生和损失、提升人民生活安全感和幸福感方面发挥着重要作用，应予以重点扶持。尤其是科技型安全产业企业，其科技含量高、资金需求多、投资风险大等特征决定了这些企业融资需求大，融资难问题成了企业甚至产业发展的突出阻碍。健全完善的安全产业投融资体系有望在解决融资难的问题上给安全产业的中小企业带来福音。

目前，我国安全产业投融资体系包括的政府安全生产专项资金不断增大，90% 以上的省级单位和 80% 以上的县级单位都设立了安全生产专项资金，国家对安全产业科研尤其是科研成果转化的投入较大，各级单位也都成立了综合性或行业性的安全产业投资基金；社会资金对安全产业的投入方兴未艾，保险对企业安全方面的投入起到了约束和激励作用，其中，安全责任险是保险业与安全产业融合的突出代表。

尽管多方合力共促安全产业融资渠道畅通，但短时间内，企业认识不足、投入结构不合理、体系效应待完善、法律法规不健全等问题仍困扰着投融资体系的健全完善，距离真正给安全产业企业发展提供足够支持，安全产业投融资体系还有很长一段路要走。

第三十章

2018 年中国安全产业重点政策解析

第一节 《关于推进城市安全发展的意见》（中办发 〔2018〕1 号）

2018 年 1 月，中共中央办公厅、国务院办公厅印发了《关于推进城市安全发展的意见》（中办发〔2018〕1 号，本节以下简称《意见》），为我国城市的安全发展方向提出了阶段性要求。《意见》厘清了当前城市发展面临的安全需求，为城市安全发展明确了指导思想和基本原则，制定了总体目标，从多层次、多角度提出了一系列推动城市安全发展的举措和任务要求，为城市安全工作指明了发展方向。

一、政策要点

（一）城市安全发展面临新挑战

《意见》指出，随着我国城市化进程的明显加快，新兴技术产品的大量应用和新业态的涌现，城市运行系统复杂度日益提升，部分城市安全发展态势与日益增长的安全需求不匹配，城市安全风险不断增大。在城市化进程上，2019 年 1 月国家统计局发布数据显示，2018 年年末我国城镇常住人口为 83137 万人，较 2017 年年末上升了 2.20%；2018 年年末我国常住人口城镇化率（城镇人口比重）达 59.58%，较 2017 年年末上升了 1.06 个百分点，2017 年年末该指标则较

2016 年年末增长了 1.17 个百分点。2014 年 3 月 16 日国务院发布的《国家新型城镇化规划（2014—2020 年）》要求，在 2020 年之前需完成"常住人口城镇化率达到 60% 左右"的目标。依照目前常住人口城镇化率每年约 1 个百分点的增长趋势，最早在 2019 年下半年，我国即能完成该目标。在新兴技术产品和新业态方面，《意见》指出，新材料、新能源、新工艺广泛应用，新产业、新业态、新领域大量涌现，使得城市运行系统日益复杂。随着信息技术的发展，智慧城市理念兴起，物联网、新商业模式和交互方式的广泛应用，在开拓新业态的同时也影响或改变了人民的生活方式和日常需求，改变了人民与城市设施交互的方式方法。在人民生活方式的快速变化下，如何使城市安全发展态势适应人民日益增长的需求，则成了《意见》所要解决的主要问题。

（二）四项基本原则指导城市安全发展

《意见》提出了坚持生命至上、安全第一；坚持立足长效、依法治理；坚持系统建设、过程管控；坚持统筹推动、综合施策等四项基本原则。坚持生命至上、安全第一，指要秉承安全生产以人为本的重要思想，严格落实党政领导职责、部门监管职责和企业主体责任，加强社会监督，推动全社会齐心协力增强城市安全水平；坚持立足长效、依法治理，指要在法律法规、法治意识、监管机制、执法行为和措施等多方面进行协同共建，以全面提升城市安全生产法治化水平；坚持系统建设、过程管控，指要健全公共安全体系，加强城市管控和安全风险隐患的管理，通过落实系统性防范制度措施来防止事故发生；坚持统筹推动、综合施策，指要充分利用人民力量，提高从业人员安全技能素质，推动城市安全持续发展。

（三）两大阶段性目标为城市安全发展提供方向

《意见》为城市安全发展制定了阶段性目标。《意见》要求，到 2020 年，城市安全发展取得明显进展，建成一批与全面建成小康社会目标相适应的安全发展示范城市；到 2035 年，城市安全发展体系更加完善，安全文明程度显著提升，建成与基本实现社会主义现代化相适应的安全发展城市。城市安全发展工作要求是持续的、随人民生产生活安全需求不断变动的，《意见》制定的城市安全发展目标，以建设安全发展示范城市为主要手段，将与"全面建成小康社会目标"和"基本实现社会主义现代化"相适应为评价安全发展示范城市的准绳，反映了《意见》对城市安全发展工作需求变化性的深刻理解。

（四）五类举措为城市安全发展保驾护航

《意见》为城市安全发展提出了五大类举措。《意见》要求，要加强城市安全源头治理，健全城市安全防控机制，提升城市安全监管效能，强化城市安全保障能力，加强统筹推动。

在加强城市安全源头治理上，《意见》指出，要科学制定规划，完善安全法规和标准，加强基础设施安全管理，加快重点产业安全改造升级。即要以安全为核心思想，科学、严密、细致的制定城市经济社会发展及城市规划、城市综合防灾减灾规划等专项规划，对建设项目进行严格评估论证；要加强体现安全生产区域特点的地方性法规和安全标准建设，形成完善的城市安全法治体系；要严格把关城市基础设施建设，对各类城市基础设施进行科学规划、优化改造和严格的安全管理；要完善高危行业企业退城入园、搬迁改造和退出转产扶持奖励政策，通过制定安全生产禁止和限制类产业目录、治理整顿安全生产条件落后的生产经营单位等手段，推动城市产业结构调整。

在健全城市安全防控机制上，《意见》指出，要强化安全风险管控，深化隐患排查治理，提升应急管理和救援能力。即要辨识评估城市安全风险，建立城市安全风险信息管理平台，编制城市安全风险白皮书，完善重大安全风险联防联控机制；要制定城市安全隐患排查治理规范，健全隐患排查治理体系，明确企业在安全生产过程中的主体责任，强化安全生产隐患排查治理和自然灾害预防防治工作；要健全城市安全生产应急救援管理体系，强化应急响应和应急救援机制建设，增强城市防灾救灾能力。

在提升城市安全监管效能上，《意见》指出，要落实安全生产责任，完善安全监管体制，增强监管执法能力，严格规范监管执法。即要完善并全面落实党政同责、一岗双责、齐抓共管、失职追责的安全生产责任体系；要推动安全生产领域内综合执法，合理调整执法队伍种类和结构，加强基层执法力量，明确监管体制，完善放管服工作机制，提高城市安全监管执法实效；要充分运用先进执法设备提高执法效能，加强安全生产监管执法机构规范化、标准化、信息化建设，通过教育培训、定期评估，提高执法人员业务素质、强化执法措施落实；要严格执法程序，强化联合执法效能，严格执法信息公开制度，加强执法监督和巡查考核，依法依规严格规范监管执法。

在强化城市安全保障能力上，《意见》指出，要健全社会化服务体系，强化安全科技创新和应用，提升市民安全素质和技能。即要制定完善政府购买安全生产服务指导目录，实施推广安全生产责任保险，加快推进安全信用体系建设，强化城市安全专业技术服务力量；积极推广先进生产工艺和安全技术，增强城市安全监管信息化建设，提高城市安全管理的智能化、系统化水平；坚持谁执法谁普法的原则，强化安全生产法律法规宣传、应急自救技能宣传和社会安全文化建设。

在加强统筹推动上，《意见》指出，要强化组织领导，强化协同联动，强化示范引领。即要各级切实落实城市安全发展工作职责，不断提高城市安全发展水平；要形成工作合力，将城市安全发展纳入安全生产工作巡查和考核的重要内容，完善信息公开、举报奖励等制度，维护人民群众对城市安全发展的知情权、参与权、监督权；要以国务院安全生产委员会为核心，进行"国家安全发展示范城市"评价活动，地方则负责安全发展示范城市的建设工作。

二、政策解析

（一）城市安全发展需要社会共同努力

与以往针对政府安全监管部门或企业的安全生产政策不同，《意见》充分强调了城市区域布局、应急管理和社会居民参与等因素在建设安全发展型城市中的重要作用。

在城市区域布局上，《意见》要求，要以安全为前提，对居民生活区、商业区、经济技术开发区、工业园区、港区以及其他功能区进行科学的空间布局；同时要求完善高危行业企业退城入园、搬迁改造和退出转产扶持奖励政策。《意见》从预先规划、转移退改两方面，对如何调整城市区域布局进行了指导。随着我国城市化水平的飞速上升，城市规模不断扩大，原本处于城市郊区的油库、工业企业，逐渐接近城市商业区、生活区，甚至深入其中，油库搬迁、重污染和危险化学品企业改造搬迁成为我国城市扩大发展所面临的重要课题。2018 年，遵义市、连云港市、开封市、银川市、黄石市、荆州市、天津市、广州市、乌鲁木齐市等多个城市都面临着油库搬迁改造问题；在以钢铁工业为发展核心的唐山市，为改善居民生活环境，推进城市安全发展，11 月，唐山市人民政府发布了《唐山空气质量"退出后十"工作目标责任状》，大力推动退城搬迁和用地结构调整，提出了"强力推进唐钢本部退城搬迁，2019 年春节前搬迁手续全部办理完成，3 月全面启动搬迁；2020 年 7 月 1 日前唐钢本部停产，唐钢新厂 10 月 1 日前完工"的重要目标。《意见》的发布，为在当前诸多城市面临的旧有规划难以满足当前城市发展需求的现状提供了解决方法，即要通过制定目录对中心城区安全生产禁止和限制类产业进行规范，要通过依靠规范化的产业园区来解决危险化学品生产、储存企业选址难、搬迁难的问题。

在应急管理方面，《意见》为城市安全发展明确了总体思路。《意见》要求明确城市风险，从法规、标准着手，完善安全科技创新应用体制机制，充分发挥人民群众的力量，全面提升应急管理和救援能力。《意见》发布时正值 2018 年 1 月，国务院机构改革方案还未发布，应急管理部尚未成立。在城市安全发展建设中，安全监管与应急管理是相辅相成的，安全监管所关注的城市安全隐患，在多种因素的作用下极可能酿成事故，此时则需要通过日常的应急管理准备和应急预案，对事故进行应急处理。城市突发事件的预防与应急准备、监测与预警、应急处置与救援、事后恢复与重建是一个连续的过程，需要一个能够掌控全局的机构进行监督、管理、处置和指导。依据《中华人民共和国突发事件应对法》，预防与应急准备部分第二十二条显示，"所有单位应当建立健全安全管理制度，定期检查本单位各项安全防范措施的落实情况，及时消除事故隐患"，与安全监管工作中强调企业为安全生产工作的主体具有异曲同工之妙，体现了在突发事件预防与应急准备过程中，隐患排查与治理的必要性和重要性，反映了安全监管工作在事故预防过程中与应急管理工作的一致性。应急管理部的成立，尤其是对消防部队的合并，充分满足了我国对城市防灾、救灾应急管理的需求，与《意见》中强调应急管理在城市安全发展中的重要作用是高度吻合的。

（二）国家安全发展示范城市创建工作由指定试点转为广泛开展

《意见》规定了"国家安全发展示范城市"的评价与管理总则，掀起了一波国家安全发展示范城市创建工作热潮。国家安全发展示范城市创建工作是有迹可循的，其工作获得了 5 年 10 个城市（区）试点实践经验的认可。早在 2013 年，国务院安委会办公室下发了《关于开展安全发展示范城市创建工作的指导意见》（安委办〔2013〕4 号，本节以下简称《指导意见》），《指导意见》指出，为贯彻落实党的十八大和《国务院关于坚持科学发展安全发展促进安全生产形势持续稳定好转的意见》（国发〔2011〕40 号）精神，决定在全国选取 10 个城市（区）作为创建全国安全发展示范城市试点单位。这 10 个单位是：北京市朝阳区、顺义区，吉林省长春市，黑龙江省大庆市，浙江省杭州市，福建省厦门市、泉州市，山东省东营市，广东省广州市、珠海市。《指导意见》要求，这 10 个首批安全发展示范城市要通过完成调整经济结构、着力发展本质安全型企业、深入打造安全发展型行业、全面提升安全生产科技支撑水平、着力提高事故救援和应急处置能力、健全安全监管监察体系、创新安全监管监察法制体制机制、形成安全生产公共投入长效机制和推动安全文化发展繁荣等重点任务，在 2015 年年底实现基本完成城市生产安全、城市公共安全、职业健康、科技支撑和应急救援体制机制建设，树立安全生产工作和安全保障型社会的典型，形成符合安全发展需要的经济结构和产业布局，在全国安全生产领域发挥示范引领作用的目标。同时，《指导意见》指出，试点单位需要建立科学的安全发展城市标准和目标考核体系。《指导意见》发布以来，多年的安全发展示范城市试点工作为日后《意见》中确定推进城市安全发展的四项基本原则和五大举措提供了基础，为依照《意见》要求申报全国安全发展示范城市提供了后续思路。

在《意见》的指导下，我国国家安全发展城市申报工作广泛开展，成都市、厦门市、张家口市、杭州市、昆山市、常德市、湘潭市、长春市、泸州市等诸多城市，已着手编制国家安全发展示范城市规划或启动了申报工作。以成都市为例，2018 年成都市在《意见》指导下，广泛开展示范城市创建工作，将安全生产工作定位由单纯的"生产安全"向"城市安全"转变，推行城市安全发展源头治理、双重预控、精细监管、智慧安全、社会共治、应急保障"六大行动"，构筑城市安全发展的制度标准、安全监管、风险防控、应急保障"四大体系"，着力推进城市安全发展"1364 行动计划"，加紧制定《成都市创建国家安全发展示范城市实施方案》，对全市 10 个重点行业领域和 4 条城市生命线进行安全风险评估，由上及下推进国家安全发展城市创建活动有序进行。

（三）几点建议做好推进城市安全发展工作

规划统筹引领城市安全发展。城市安全发展工作需从城市整体布局着手，吸取旧规划不适应城市快速发展现状的经验，以长远目光科学布局城市各功能区域，梳理明确城市各产业在国家、省市发展中的作用和定位。通过制定城市经济社会总体规划确定城市产业发展目标、各产业在城市中所能发挥的预期作用。明确城市各类功能区的安全发展需求和环境保护布局需求，结合城市经济社会总体规划明确的产业发展需求和发展目标，制定城市规划和城市综合防灾减灾规划等专项规划，明确城市各类功能区域在推进城市安全发展工作中面临的重点问题，有目的、有方向、有计划、针对性地推进城市安全发展。

人民群众是推进城市安全发展的重要力量。城市安全发展需求的根本来源是人民群众日常生活的安全保障需求，也是突发事件的重要承灾载体。城市安全发展涉及领域众多，自然灾害、事故灾难、公共卫生、社会安全等多种突发事件为城市安全齐抓共管带来了复杂要求。发动人民群众的力量，可在政府部门"由上至下"推动城市安全发展的同时，通过舆论监督、社会安全风险排查等方式，"由下至上"让人民群众依从自身安全需求主动推动城市安全水平快速发展。在这个过程中，法律法规及安全知识的快速普及则尤为重要，依照"谁执法谁普法"的原则，政府机构应多措并举强化城市安全知识宣传普及。在宣传方式方法上，应避免枯燥乏味的落后宣传方式，可依靠媒体力量的专业性，寓教于乐进行安全知识宣传。

第二节　《关于加快安全产业发展的指导意见》（工信部联安全〔2018〕111 号）

为落实《中共中央、国务院关于推进安全生产领域改革发展的意见》（中发〔2016〕32 号），2018 年 6 月 19 日，工业和信息化部、应急管理部、财政部、科技部联合下发了《关于加快安全产业发展的指导意见》（本节以下简称《指导意见》），要求全面贯彻党的十九大精神，以习近平新时代中国特色社会主义思想为指导，牢固树立安全发展理念，弘扬生命至上、安全第一的思想，聚焦风险隐患源头治理，以坚决遏制重特大安全生产事故为目标，以提升安全保障能力为重点，以示范工程为依托，着力推广先进安全技术、产品和服务，提升各行业领域的本质安全水平；以企业为主体，市场为导向，强化政府引导，着力推动安全产业创新发展、集聚发展，积极培育新的经济增长点。

一、政策要点

（一）《指导意见》提出了下一阶段促进安全产业发展的工作目标

到 2020 年，安全产业体系基本建立，产业销售收入超过万亿元。先进安全产品有效供给能力显著提高，在重点行业领域实现示范应用。

创新能力明显提高。突破一批保障生产安全、城市公共安全的关键核心技术，研发一批具有国际先进水平的安全与应急产品，推广应用一批"机械化换人、自动化减人"的安全技术装备。

集聚效应初步显现。创建 10 家以上国家安全产业示范园区，培育两家以上具有较强国际竞争力的骨干企业和知名品牌，打造百家专业化的创新型中小企业。

发展环境持续优化。技术创新、标准、投融资服务、产业链协作以及政策保障等产业支撑体系初步建立，一个有利于产业健康发展的市场环境基本形成。

行业应用不断深化。组织实施一批试点示范工程，在交通运输、矿山、危险化学品、工程施工、重大基础设施、城市公共安全等重点行业领域推广应用一批具有基础性、紧迫性的安全产品，为遏制重特大事故提供有力保障。

到 2025 年，安全产业成为国民经济新的增长点，部分领域产品技术达到国际领先水平；国家安全产业示范园区和国际知名品牌建设成果显著，初步形成若干世界级先进安全装备制造集群；安全与应急技术装备在重点行业领域得到规模化应用，社会本质安全水平显著提高。

（二）《指导意见》提出了下一阶段安全产业的发展方向

1. 加快先进安全产品研发和产业化

风险监测预警产品。生产安全领域，重点发展交通运输、矿山开采、工程施工、危险品生产储存、重大基础设施等方面的监测预警产品和故障诊断系统。城市安全领域，重点发展高危场所、高层建筑、超大综合体、城市管网、地下空间、人员密集场所等方面的监测预警产品。

安全防护防控产品。生产安全领域，重点发展用于高危作业场所的工业机器人（换人）、人机隔离智能化控制系统（减人）、尘毒危害自动处理与自动隔抑爆等安全防护装置或部件、交通运输领域的主被动安全产品和安全防护设施等。城市安全领域，重点发展智能化巡检、集成式建筑施工平台、智能安防系统等安全防控产品。综合安全防护领域，重点发展电气安全产品、高效环保的阻燃防爆材料及各类防护产品等。

应急处置救援产品。应急处置方面，重点发展应急指挥、通信、供电和逃生避险等产品，以及危险品泄漏等应急处置装备。应急救援方面，重点发展各类搜救、破拆、消防等智能化救援装备。

2. 积极培育安全服务新业态

在规范发展安全工程设计与监理、标准规范制定、检测与认证、评估与评价、事故分析与鉴定等传统安全服务基础上，积极发展安全管理与技术咨询、产品展览展示、教育培训与体验、应急演练演示等与国外存在较大差距的安全服务，重点发展基于物联网、大数据、人工智能等技术的智慧安全云服务。

（三）《指导意见》提出了下一阶段安全产业发展的重大任务

组织实施"5+N"计划，逐步健全技术创新、标准、投融资服务、产业链协作和政策五大支撑体系，开展 N 项示范工程建设，培育市场需求，壮大产业规模。

一是健全产业技术创新支撑体系。建设一批高水平科技创新基地，攻克一批产业前沿和共性技术，加强安全技术成果转移转化。

二是健全产业相关标准体系。建立完善产业相关标准体系，制修订一批关键亟须的技术和产品标准，制修订重点领域安全生产标准。

三是健全投融资服务体系。探索建立政策引导、市场化运作的投资服务体系，推动企业利用多层次资本市场进行融资，积极发展安全装备融资租赁服务。

四是完善产业链协作体系。建设安全产业大数据平台，继续开展国家安全产业示范园区创建，建设安全产业公共服务平台，大力发展服务型制造。

五是完善政策体系。完善产业支持政策，探索安全产业与保险业合作机制。

六是建设 N 项试点示范工程。编制安全产品推广应用三年行动计划，组织开展先进安全产品应用示范。

二、政策解析

（一）《指导意见》与《关于促进安全产业发展的指导意见》紧密衔接

《指导意见》是《关于促进安全产业发展的指导意见》（工信部联安〔2012〕388 号）的发展和创新。在《指导意见》中，进一步明确了安全产业的概念，即安全产业是为安全生产、防灾减灾、应急救援等安全保障活动提供专用技术、产品和服务的产业，是国家重点支持的战略产业。这个概念是在《关于促进安全产业发展的指导意见》（工信部联安〔2012〕388 号）中首次提出的，也是针对我国国情，提出的安全产业发展的重点方向。此外，《指导意见》进一步细化了未来一段时间我国各部门促进安全产业发展的工作方向、重点任务和保障措施，为我国安全产业的发展注入了新活力。

在《指导意见》中，面对新时期新阶段我国面临的主要安全问题，提出"面向生产安全和城市公共安全的保障需求，制定目录、清单，优化产品结构，引导产业发展，创新服务业态"，明确了安全产业保障的内容；面对互联网、大数据、人工智能等信息技术的发展，提出了要强化安全产业的智能化发展路径，大力发展监测预警产品和故障诊断系统、智能安全产品、智能化救援装备、智慧安全云服务等；面对服务业和制造业深度结合的现状，提出要大力发展服务型制造，创新商业模式，引导企业深度参与上下游产业链协同和社会协作等意见。可以说，《指导意见》深度结合了我国当前经济发展现状、安全问题特点、未来发展需求，是《关于促进安全产业发展的指导意见》的进一步发展和完善，是我国安全产业未来一段时期发展的纲领性文件。

（二）《指导意见》进一步明确了安全产业特点

《指导意见》提出我国的安全产业发展要以提升安全保障能力为重点，提升各行业领域的本质安全水平。发展安全产业的目的就是保安全、防事故、降损失。就经济效应而言，发展安全产业每年为供给侧带来上万亿的经济效益；就社会效应而言，安全产品及服务的存在，对生产经营等活动是极大的保障，能有效预防安全事故的发生，而安全产品的使用，则能及时降低事故的危害，将损失降到最小。安全产业满足社会各领域对安全的差异化需求，极大提升人类安全感和幸福感。

当前，在深入学习贯彻习近平新时代中国特色社会主义思想和党的十九大精神的形势下，必须认识和深刻理解我国社会主要矛盾已经转化为人民日益增长的美好生活需要和不平衡不充分发展之间的矛盾。安全，作为人民追求美好生活的基本保障条件之一，理所当然地成为人民安居乐业、社会安定有序、国家平稳发展的基本条件。现阶段，我国正处于城镇化和工业化加速发展阶段，同时也是安全事故高发期。每年因各类安全事故导致大量人员伤亡和财产损失，已经成为人民追求美好生活需要的重要障碍和矛盾。近几年发生的天津"8·12"、深圳"12·20"山体滑坡、丰城电厂"11·24"坍塌、陕西京昆高速"8·10"等特别重大安全事故，使我们更深切感受到提高安全防范能力的重要性和紧迫性。发展安全产业是提高全社会本质安全水平的根本保障，也是解决矛盾的主要手段。

（三）安全产业需要一定的发展环境

促进安全产业的发展，需要相关部委、地方政府通力合作，强化组织领导，建立安全产业发展重大问题协调、联席会议、督查督办等制度机制，实现产业发展、安全监管、责任与考核等工作有机衔接，积极落实《指导意见》，制定地方安全产业发展政策措施，加大与各部门、行业协会、服务机构的合作，引领安全产业高速、健康发展。地方政府应加大财政倾斜力度，用于推动安全产业企业或园区的改扩建、制造工艺升级、基础设施建设、技术研发的补贴等，加大对企业研究与开发、产业化、技术改造的财政资金投入力度，按研究与开发投入额的一定比例给予企业财政补贴；实施税收激励政策，突出其向安全产业的倾斜力度，完善优惠目录，落实研发费用加计扣除的税收政策，鼓励对产业化关键共性技术、工艺的研发，允许安全产业企业按照当年实际发生的、用于自主创新的研发费用的一定比例抵扣当年应纳税所得额。

安全产业的发展离不开专业人才的引进培养。可以按照"人才+项目"引才模式，重点引进安全产业急需的具有持续创新能力的领军型、紧缺型、复合型人才及研发团队。地方可以根据自身实际情况，设立发展专项资金，支持范围包含安全产业领域人才和研发队伍，通过创业奖励、安家费、医疗社保等方式资助领军人才和创业团队，吸引安全产业高端人才来园区创业；鼓励企业实行股权、期权等多种形式的激励机制吸引人才。此外，要积极依托技术创新平台、人才创业平台、大学生创业平台、引智服务平台等，以及辖区内已有大中专院校、科研院所，加快培养安全产业急需人才队伍，注重安全生产科技知识的传授与更新；实施在职人员定期技能培训计划，着力提高各类人才对新知识、新技术、新工艺、新方法的应用能力；依据发展重点，培养交通运输、矿山、危险化学品、工程施工、重大基础设施、城市公共安全等重点行业领域或关键方向的人才；积极拓展合作领域，定期选派科技人员到国内外安全科技研发机构、知名安全产业企业学习培训，提升人才的知识应用水平。

第三节 关于印发《安全生产专用设备企业所得税优惠目录（2018年版）》的通知（财税〔2018〕84号）

一、政策要点

（一）出台背景

2018年8月15日，在国务院的首肯下，财政部、国家税务总局、应急管理部联合发布了《〈安全生产专用设备企业所得税优惠目录（2018年版）〉的通知》（财税〔2018〕84号），《安全生产专用设备企业所得税优惠目录（2018年版）》（本节以下简称《优惠目录》）正式印发。《优惠目录》依据当前安全生产装备的发展状况和迫切需求，列举了89项企业在购置、使用过程中，能获得企业所得税抵免优惠的安全生产专用设备，并以此淘汰废止了《安全生产专用设备企业所得税优惠目录（2008年版）》（以下简称《目录（2008年版）》）。《优惠目录》涵盖了煤矿、非煤矿山、石油及危险化学品、民爆及烟花爆竹、交通运输、电力、建筑施工和应急救援设备八大领域，明确了企业为安全生产专用设备税收优惠申报工作的主体，理顺了应急管理部、税务部门、煤矿安全监察部门在落实安全生产专用设备税收抵免优惠政策中的职责，为安全生产专用设备大规模推广打下了坚实基础。

（二）主要内容

《优惠目录》较《目录（2008 年版）》囊括的安全产业细分领域范畴有所扩大，列入的专用设备数量大幅提升。《目录（2008 年版）》涵盖了煤矿、非煤矿山、危险化学品、烟花爆竹行业、公路行业、铁路行业、民航行业和应急救援设备类八大领域，2018 年《优惠目录》则将危险化学品领域扩充至了石油及危险化学品领域；将烟花爆竹行业和民用爆炸物行业的安全生产专用设备，依照应用领域的普适性进行了归类，着重突出了民爆行业所需的专用安全设备；将公路、铁路、民航行业合并为交通运输行业，同时新增并纳入了水运行业；增加了建筑施工行业，将防坠落、升降式作业装置安全装备作为重点，着重关注高空作业安全水平。

遏制重特大事故发生成为《优惠目录》推广的主要考虑方向。在这 89 项安全生产专用设备中，民用爆炸物品危险作业场所监控系统、公路行业商用车主动安全系统和铁路行业车辆运行安全监控系统探测设备的子项是最多的，分别达到了第 11 条、第 10 条和第 5 条。这三条中的安全生产专用设备，与防范能够造成严重社会影响的爆炸、重点车辆交通事故、铁路事故等重特大安全生产事故的工作息息相关。随着我国安全产业的高速发展，人民的安全生活需求日益提高，安全产业保障范围逐渐扩大，城市安全、道路交通安全等安全产业重要保障对象，正向公共安全发展，防范消除能够造成社会影响的重特大安全生产事故成为安全产业发展的主要目的之一。《优惠目录》的发布，是我国安全产业保障能力不断提高的实证。

二、政策解析

（一）《优惠目录》是 2018 年安全产业高速发展的重要组成部分

2018 年我国安全产业政策频出，《优惠目录》的发布恰逢其时。2018 年 6 月 29 日，工信部、应急管理部、财政部和科技部联合发布了《关于加快安全产业发展的指导意见》（工信部联安全〔2018〕111 号，本节以下简称《指导意见》），为安全产业发展提出了要加快风险监测预警产品、安全防护防控产品和应急处置救援产品等先进安全产品的研发和产业化要求，并提出了六大基本任务。作为安全生产、防灾减灾、应急救援等安全保障活动提供专用技术、产品和服务的产业，安全产品的发展与安全生产专用设备的推广工作息息相关，《指导意见》和《优惠目录》的先后发布，是工业和信息化部与应急管理部在安全产业发展方向上，在各自的管辖领域内互相支持、共同发展、同抓安全的重要成果。

《优惠目录》的发布为安全生产专用技术装备的产业化发展提供了动力。与霍尼韦尔、杜邦等产业链齐全、产品类别丰富的国际大型企业不同，在我国安全产业中，以生产某一类安全生产专用设备为主的专业型企业是产业的主要组成部分。制定《优惠目录》，不但有助于安全生产专用设备在各类单位中的推广，还有利于安全产业企业明确自身的自主研发方向和企业定位。对于同种安全生产专用设备来讲，《优惠目录》的制定有利于引导行业快速产生多样化、规范化的该种产品，通过市场化竞争提高产品的经济化水平，从而推动该产品大规模生产部署的快速进行。

（二）《优惠目录》发布的重要意义

重点推广先进适用的安全生产专用设备。以防止各行业重特大事故为重点，紧扣行业安全生产需求，推广安全性能好、实用管用的安全生产专用设备；通过推广各类探测检测及监测设备、信息化自动化控制设备，满足生产环境"机械化换人、自动化减人"需求，综合性地满足我国各产业信息化大潮下的新一代安全生产工作需求。

明确产业需求，引导安全产业细分行业创新。通过推广先进适用的安全生产专用设备，提高行业的生产安全水平。以标准化要求为准绳，以创新驱动为核心动力，以发布各行业防止重特大事故发生迫切所需的安全生产专用设备为契机，加快对安全产业各细分行业创新研发工作的引导，按需推进行业转型升级。

以看得见摸得着的政策，为企业的安全生产工作提供保障。整合地方税务、应急管理部门、驻地煤矿安全监察部门力量，以应急管理部为基础，通过为合规企业直接提供安全生产专用设备税收抵免优惠政策，增强企业购置、使用先进安全生产专用设备的积极性，使企业能够放心大胆的利用优惠政策，快速提高自身安全生产工作的保障能力。

第四节　《国家安全产业示范园区创建指南（试行）》工信部联安全［2018］213 号

2013 年至 2016 年，全国共有四个单位先后被工业和信息化部与原国家安监总局联合批准成为国家安全产业示范园区创建单位，其中，徐州安全科技园作为第一个通过批准并开展创建工作的园区，由于表现突出，已于 2016 年正式成为目前国内唯一一家国家安全产业示范园区。

2018 年 10 月，在全国多省区掀起安全产业示范园区创建热潮之际，在四个国家安全产业示范园区和创建单位的创建工作取得一定有益经验的基础上，工业和信息化部、应急管理部联合制定出台了《国家安全产业示范园区创建指南（试行）》（本节以下简称《指南》），以指导未来一段时期国家安全产业示范园区的创建工作，提升园区创建质量和规范化程度，推进安全产业高质量集聚发展。

一、政策要点

（一）明确了申报条件，制定了园区评价指标体系

一是将产业规划、产业实力、产业集聚、组织体系、安全服务、公共服务、安全管理和发展环境等八项内容作为园区申报的必要条件；二是制定了由4 类一级指标和 19 个二级指标组成的评价指标体系，针对申报示范园区创建单位和申报示范园区的单位分别有相应的指标要求。

（二）对示范园区（含创建）的退出机制做出了规定

《指南》要求示范园区（含创建）每年上报其上年度总结和本年度计划，每三年接受建设情况评估，对于不按规定上报总结计划的、上报资料弄虚作假的、评估结果不合格和整改不落实或落实不到位等情况，将采取限期提交/改正/整改、警示、撤销命名甚至暂停其所在省份下一年度的申报工作等惩戒措施。

二、政策解析

（一）对前期安全产业示范园区创建工作的总结

为促进我国安全产业发展，2012 年 8 月，工信部会同原国家安监总局制定出台了《关于促进安全产业发展的指导意见》（工信部联安〔2012〕388 号）（本节以下简称《指导意见》）。《指导意见》提出了"建立一批产业技术成果孵化中心、产业创新发展平台和产业示范园区（基地）"的发展目标。为落实该要求，各地都重视安全产业的发展，许多地区都陆续建成了一批安全产业园区和基地，也涌现出一些具有发展特色和潜力的园区（基地）。江苏徐州、辽宁营口、安徽合肥、山东济宁等城市先后开始创建安全产业示范园区（基地），这些园区建设已初具规模，正进入快速发展阶段。《指南》适时出台，总结这些

园区在创建过程中积累的经验，探究园区对于促进安全产业发展的作用，发现我国安全产业集聚发展中存在的问题，对于促进整个产业的持续健康发展具有重要意义。

（二）规范安全产业园区和基地发展的需要

自2013年起，以徐州安全科技产业园、中国北方安全（应急）智能装备产业园、合肥国家高新技术产业开发区和济宁国家高新技术产业开发区为代表的一批安全产业基础良好、发展安全产业积极性高的园区（基地）相继被列为国家安全产业示范园区（基地）创建单位。在我国安全产业园区的发展中也暴露了诸多问题，如规划不合理、同质化竞争严重、缺乏核心竞争力等，不同程度地影响着安全产业园区以及安全产业未来的发展，因此，急需找出问题，规划发展。

（三）进一步推进安全产业集聚发展

安全产业园区建设是安全产业企业集聚发展的载体和根本。《中共中央国务院关于推进安全生产领域改革发展的意见》中明确要求"健全投融资服务体系，引导企业集聚发展灾害防治、预测预警、检测监控、个体防护、应急处置、安全文化等技术、装备和服务产业"，这次《指南》的出台正是落实党中央的指示精神，推动安全产业集聚发展，提升安全保障能力。当前，新疆乌鲁木齐、吉林长春、浙江乐清、重庆、四川绵阳、北京、河北怀安等地也相继培育和发展安全产业。《指南》出台对创建中的安全产业示范园区（基地）将起到规范和约束作用，对拟创建的园区（基地）具有指导和借鉴作用。

热点篇

第三十一章
应急管理部组建

第一节　事件回顾

　　2018 年 3 月 13 日，中共中央印发《深化党和国家机构改革方案》（以下简称《机构改革方案》），成立应急管理部是其中一项重要改革举措，主要内容是：将国家安全生产监督管理总局的职责，国务院办公厅的应急管理职责，公安部的消防管理职责，民政部的救灾职责，国土资源部的地质灾害防治、水利部的水旱灾害防治、农业部的草原防火、国家林业局的森林防火相关职责，中国地震局的震灾应急救援职责，以及国家防汛抗旱总指挥部、国家减灾委员会、国务院抗震救灾指挥部、国家森林防火指挥部等13项应急救援职责进行整合和优化。

　　2018 年 4 月 16 日，新组建的应急管理部正式挂牌，被认为在我国应急管理发展史上具有里程碑意义。这是中国新一轮机构改革中一个具有典型性的多部门组合。同时组建了综合性消防救援队伍，全国公安消防部队和武警森林部队 20 万官兵整体转制，开启我国应急管理的新格局。《机构改革方案》还明确了应急管理部的主要职责：组织编制国家应急总体预案和规划，指导各地区各部门应对突发事件工作，推动应急预案体系建设和预案演练；建立灾情报告系统并统一发布灾情，统筹应急力量建设和物资储备并在救灾时统一调度，组织灾害救助体系建设，指导安全生产类、自然灾害类应急救援，承担国家应对特别重大灾害指挥部工作；指导火灾、水旱灾害、地质灾害等防治；负责安全生产综合监督管理和工矿商贸行业安全生产监督管理等。

　　随着应急管理部机构改革稳步推进，部门工作逐渐步入正规，国家综合性消防救援队伍加快建设。机构和人员转隶、"三定"规定和细化方案编制等各项工作按期完成、31 个省级应急管理厅局全面组建、原公安消防部队和武警森林部队转制划归应急管理部。2018 年 12 月，根据党中央、国务院机构改革部署和《组建国家综合性消防救援队伍框架方案》，教育部批准中国人民武装警察部队警种学院更名组建为中国消防救援学院，对于加快构建消防救援高等教育体系、培养高素质消防救援专业人才具有重要意义。2018 年 12 月 27 日，人力资源和社会保障部、应急管理部印发《国家综合性消防救援队伍消防员招录办法（试行）》。消防救援队伍在招录、使用、退出和日常管理、教育训练、职业保障、提高职业荣誉感等方面实行了一整套全新的专门管理和政策保障措施。2019 年 1 月，国家综合性消防救援队伍首次面向社会公开招录消防员工作正式启动，标志着消防救援专业化、职业化建设的开始。

第二节　事件分析

一、组建应急管理部是立足我国国情的重大决策

我国是自然灾害较严重的国家之一，地域分布广，灾害种类多，发生频率高。安全生产仍处在脆弱期，安全基础不牢，风险隐患众多，生产事故仍易发多发。随着经济社会发展，灾害事故越来越具有跨区域、跨领域、复杂性和不确定性增大的特点，需要更加科学的管理方法和更加综合的管理体制。

在 2003 年"非典"事件之后，我国就开始加强应急管理综合协调机制建设。2006 年，我国设置了国务院应急管理办公室，负责在一旦出现重大突发事件时，与各个部门联系、协调、沟通，按照各自的职责分工来统一应对。但原来很多机构因不在一个部门，条块分割，很难充分协调，各部门应急力量和资源分散，发生重大事故时，很难在极短时间内快速反应，最大程度地降低灾害事故所造成的损失，保障人民群众生命和财产安全。

组建应急管理部是党中央从我国事故灾害多发频发的基本国情做出的重大战略决策，体现了党中央对民生的重视，标志着新时代中国特色应急管理组织体制初步形成。应急管理部的成立是我国应急管理体制建设中的一件大事，对防范化解重特大安全风险，健全公共安全体系，整合应急力量和资源，推动"统一指挥、专常兼备、反应灵敏、上下联动、平战结合的中国特色应急管理体制"形成提供重要的保障。

二、我国应急管理将迎来系统协调发展新局面

应急管理部正式组建，机构改革深入推进，部门工作逐渐步入正轨，对于整合优化应急资源和力量，形成涵盖全国各行业的应急资源布局"一盘棋"，

构建全面统筹、权威高效的国家应急管理能力体系具有重要作用，我国应急管理将迎来系统、协调发展的新局面。

优越的体制机制是强大应急救援能力的根本保障。应急管理部的组建体现了中国特色社会主义制度的优越性，将使我国拥有更加综合、立体的应急力量，增强我国应急管理工作的协同性、系统性、整体性，推进符合我国经济社会发展需求的现代化应急管理体系建设。中国工程院院士范维澄认为，集中统一指挥、统一调度、全国一盘棋的组织指挥机制是中国应急救援的一大特点，也是一大优势。由一个部门管理，更加能适应灾害事故自身的发展链条，可以对风险和隐患的全过程实施监管，并及时进行应急救援，提高应急救援效率。

机制更顺，职责更明，应急救援也更有效率。应急管理部组建后，发挥新部门的优势，有助于形成扁平化的救援组织指挥模式和一体化的防灾救灾运作模式。2018 年，应急救援部先后启动应急响应 40 多次，派出 60 多个工作组，赴地方指导开展防灾救灾处置工作。为适应"全灾种、大应急"的需要，组建了国家综合性消防救援队伍，应急救援力量体系加快形成。应急管理部组建不到一年以来，我国自然灾害造成的损失与近 5 年同期均值相比，实现大幅降低，全国安全生产实现 20 年来同期最好水平。

三、全面发挥效能仍需时间磨合

应急管理部组建时间不长，工作涉及面广、调整幅度大，虽然取得了一些成效，但来自不同机构的职能部门仍需一段时间磨合，要构建适合我国灾害国情、适应国家治理需要、保障人民生命财产安全和社会稳定的现代化应急管理体系，还有许多需要完善的工作。

一是应急管理体制建设。为了更好地发挥应急管理部职能，必须加强职能融合和重塑，注重内外协调，逐步建立成熟有效的应急响应制度和安全生产的长效机制，特别是针对高危领域、重点时段、重大活动的风险防控机制。

二是提高灾害防治和安全生产的基础能力。加强灾害、事故预警先进技术和产品的研发应用，提高风险预判预警能力，从源头消除隐患，变被动安全为主动防御，提高本质安全水平。

三是应急力量建设。一方面是应急救援"国家队"力量建设，需要在应急管理部统一指挥下，对现有力量进行有效整合，既要保证队伍的整体性、协同性，又要充分发挥其专业性。另一方面是社会力量的广泛参与。越来越多灾害事故表现出复杂和不确定的特征，需要推动应急信息资源共享、支持社会救援力量发展、提高民众自救互救的意识和对突发事件的处置能力，形成全社会共同参与、协同应对的局面。

第三十二章

中国安全产业大会

近年来，我国安全产业稳步增长。据统计，我国安全产品生产企业已经超过 5000 家，年销售收入超过 7000 亿元，先后在徐州、营口、合肥、济宁、佛山等地开展了国家安全产业示范园区创建工作。在出台的《关于加快安全产业发展的指导意见》（工信部联安全〔2018〕111 号）中明确要求"加快推动商业模式创新、深化产融合作，积极培育安全服务新业态"。为顺应全球安全产业发展趋势，抢占发展机遇，全面落地《关于加快安全产业发展的指导意见》，2018 年 11 月 14—16 日，首届中国安全产业大会应运而生。国内外顶尖安全领域专家学者、企业代表齐聚佛山南海，深入讨论中国安全产业发展趋势和方向。大会内容包括 2018 中国安全产业大会开幕式、2018 公共安全科学技术学术年会、安全出行主题论坛、中国爆破器材行业协会第六届会员代表大会、安全发展型城市及安全产业发展高端论坛。大会同期在佛山市南海区千灯湖市民广场举办了 2018 中国安全产业技术及产品推介会，推介会分设安全城市、安全工程、安全出行三大板块，特邀全国各地安全产业代表企业参展，展示国内外最先进的安全产业技术、产品及服务。

第一节　事件回顾

2018 年 11 月 14—16 日，首届中国安全产业大会在广东省佛山市南海区开幕。本次大会是由工信部、应急管理部、科技部、广东省人民政府共同指导，中国电子信息产业发展研究院、广东省工业和信息化厅、广东省应急管理厅、广东省科技厅、佛山市人民政府共同主办，汇聚了 2500 多位来自政府、国内顶尖的安全行业专家、行业龙头企业代表，共话中国安全。本次大会的主要内容有以下几项：

工信部、应急管理部、广东省人民政府签订了《共同推进安全产业发展战略合作协议》。该协议是继工信部、原国家安全监管总局、江苏省人民政府签订的《关于推进安全产业加快发展的共建合作协议》后，第二个安全产业部省合作协议，是深入贯彻落实《中共中央、国务院关于推进安全生产领域改革发展的意见》(中发〔2016〕32号)部署、推动广东省安全产业合理布局和健康发展、增强对粤港澳大湾区的安全保障能力的具体体现，对推动构建经济高质量发展体制机制的建立，培养新的经济增长点具有重要意义。三方合作的目标是坚持务实高效、优势互补、合作共赢原则，依托广东省安全产业的良好基础，以夯实产业基础、提升产业发展质量、促进产业转型升级和构建特色安全产品品牌为主线，在推动创新体系建设、推动标准体系建设、促进融合集聚发展、优化政策环境、打造特色品牌、加强合作交流等方面进一步合作，打造安全产业生态体系，充分发挥广东在改革开放中的排头兵、先行地作用，推动我国安全产业的高端化、智能化方向，为经济高质量发展培育新动能，为遏制重特大事故提供有力保障。

安全产业联盟正式成立。为贯彻落实《关于加快安全产业发展的指导意见》中有关"牵头或参与建立国际安全产业创新联盟"等方面的指示精神，在工信部等部门指导下，安全产业联盟正式成立。联盟立足于搭建安全产业企业的合作与促进平台，集聚工业、服务业的中坚力量及相关机构和服务企业，支撑政府决策，推动安全产业发展。联盟任务是着力聚集产业生态各方力量，推动产业链协同发展，联合开展安全产业技术、标准和产业研究，共同探索安全产业发展的新模式、新机制、新业态，推进技术、产品与应用研发，开展先进方案试点示范，广泛开展国际合作，形成全球化的合作平台。联盟发起单位有：清华大学、中国安全生产科学研究院、中国电子信息产业发展研究院、中国信息通信研究院、佛山市南海区公共安全技术研究院、360集团、百度、杭州海康威视数字技术股份有限公司、华为技术有限公司、三一集团股份有限公司、西安科技大市场、新奥集团、新华三集团、徐工集团、江苏徐工信息技术股份有限公司、中关村发展集团、中国兵器工业集团、中国第一汽车集团、中国电子科技集团、中国航空工业集团有限公司、中国航空器材集团有限公司、中国航天科工集团、中国平安集团、中国信息科技集团、兴唐通信科技有限公司、慧与（中国）有限公司、广东鑫兴科技有限公司、中国安全产业协会、深圳市安全防范行业协会。

第五家国家安全产业示范园区创建单位授牌。粤港澳大湾区（南海）智能安全产业园于2018年11月被工信部和应急管理部批准为"国家安全产业示范园区创建单位"，并在大会上予以授牌。这是继徐州国家安全科技产业园区、中国北方安全（应急）智能装备产业园、合肥公共安全产业园区、济宁安全产业示范基地后，全国第五家国家安全产业示范园区（创建单位）。其核心区位于南海区丹灶镇大金智地，地处粤港澳大湾区中心和佛山高新区制造业创新高地，规划面积1000亩，总投资约50亿元，将引进300～500家优质企业进驻。截至2017年年底，佛山市南海区安全产业规模已经超过175亿元，约占全区工业总产值的2.5%以上，预计在2025年实现产值600亿元，年复合增长率约为16.65%，核心区的安全产业产值约为122.5亿元。目前核心区安全产业中安全产品制造业占比较高，约为70%以上，并配套建有800亩商住社区、省级小学、200亩翰林湖公园。园区重点发展信息、生产、消防、交通、建筑、治安六大类安全领域产业，力争打造集研发、产品、集成、工程、服务于一体的智能安全产业链。园区第一期12万平方米土地已投入使用，已经引入57个大数据、物联网、人工智能等高成长科技企业，第二期12万平方米预计2019年投入使用。

《2017—2018年中国安全产业发展蓝皮书》发布。《2017—2018年中国安全产业发展蓝皮书》作为《2017—2018年中国工业和信息化发展系列蓝皮书》的重要组成部分，由中国电子信息产业发展研究院安全产业研究所负责编著，自2013年推出该类图书以来，历经五载发展，已经成为我国安全产业领域极具参考价值的核心力作。该书由综合篇、行业篇、区域篇、园区篇、企业篇、政策篇、热点篇和展望篇八部分组成，近30万字，对国内外安全产业发展经验进行了分析研究，从宏观层面较全面地体现了我国安全产业发展现状。本书集聚了众多业内专家、企业家的智慧和行业洞见，既有对当年安全产业发展情况的总结概述、问题剖析、对策建议，又有对未来一段时间内安全产业发展的预测性综述和展望，无论是对于政府机构做好产业发展的整体布局还是对于企业把握战略机遇、实现高效优质发展，都具有重大的理论和现实意义，受到各类专家、学者、企业以及政府相关部门的高度关注和一致好评。

《佛山市南海区安全产业发展规划》发布。《佛山市南海区安全产业发展规划》是由佛山市南海区经济和科技促进局委托，中国电子信息产业发展研究院安全产业研究所在认真调研其现有产业情况和未来安全产业发展需求的基础上编写完成的，对南海区安全产业的未来发展做了详细梳理及规划。在发展目标方面，力争到2020年，南海区安全产业产值实现300亿元左右的短期目标；到2025年，南海区安全产业产值达到600亿元以上、年均复合增长率14.87%的长期目标，打造国际一流的安全产业科技成果转移孵化中心和集聚区。在产业选择和路径方面，重点发展智能安全技术与产品，如智慧安防、智能工业安全防控产品、车辆专用安全设备、新型安全材料，同时抢位发展信息安全，超前发展安全服务。

国家安全产业大数据平台华南节点设立。《关于加快安全产业发展的指导意见》中指出，要通过"建设安全产业大数据平台"，为市场主体提供各类公共服务。在工信部安全生产司的指导下，中国信息通信研究院联合佛山市南海区政府共同建设国家安全产业大数据平台华南节点（以下简称"平台"），通过广泛汇聚安全产业基础数据，摸清产业家底，聚合优势资源，服务华南地区，辐射全国安全产业发展。平台以全国安全产业大数据平台互为备份中心和公共服务应用试点为定位，以提升安全生产基础能力、构建安全产业生态体系、促进安全产业创新发展为目标，通过构建资源检索、决策支撑、产业服务等基础功能，探索安全产业在线展会、基于工业互联网的企业安全生产监测监督、安全和应急产品智能调度等创新应用，成为我国首个安全产业大数据决策支撑和公共服务平台，为粤港澳大湾区（南海）智能安全产业园和全国安全产业发展提供支撑。

第二节　事件分析

一、本次大会为安全产业搭建了政、产、学、研、用、金多领域国家级交流合作平台

安全产业是我国重点支持的战略产业。在新时期新阶段，安全产业的发展面临着许多有利条件和机遇。一是党中央、国务院高度重视安全生产工作，做出了一系列重大决策部署，为安全产业的发展提供了强大的政策支持；二是随着"四个全面"战略布局持续推进，五大发展理念深入人心，全社会文明素质、安全意识和法治观念加快提升，安全发展的社会环境进一步优化；三是经济社会发展提质增效、产业结构优化升级、科技创新快速发展，提高本质安全的要求越来越高，为安全产业的发展提供了市场环境；四是人民群众日益增长的安全需求，以及全社会对安全生产工作的高度关注，为安全产业的发展提供了巨大动能。

本次大会对上述内容进行了完美的诠释。从会议安排上看，本次大会由开幕式、公共安全科学技术学术年会、安全出行主题论坛、中国爆破器材行业协会会员代表大会、安全发展型城市及安全产业发展高端论坛在内的五大板块构成。其中，工信部、应急管理部和广东省人民政府签订的《共同推进安全产业

发展战略合作联盟》中，完善了安全产业合作机制和组织保障，制定了共建合作内容，优化了发展政策环境；粤港澳大湾区（南海）智能安全产业园区的创建，是引导产业集聚、推动产业升级的重要手段；公共安全科学技术学术年会被公认为代表中国公共安全技术的最高学术水平，是高端安全技术交流的有效平台；安全产业联盟和安全产业联合创新中心的建立，是促进技术孵化、完善安全产业创新体系、落地安全产业管理服务、完成资源对接的有效模式，进一步优化了市场环境；本次大会还签订了若干制造服务类项目、战略合作项目、基金合作项目，为产业发展提供了强大动能。

二、本次大会为安全产业的智能化发展指明了方向

此次大会的举办正值安全产业蓬勃兴起的当口，也是信息技术与安全产业融合发展的有利时机。本次大会显示出未来安全产业的智能化发展趋势，即推动互联网、大数据、人工智能和安全产业深度融合，促进产业的转型升级，助力安全产品整体性能的改善，在打造新的经济增长点的同时，也大大提升了自身的本质安全水平。

与会的领导、专家及企业代表，也对安全产业的智能化发展给予了高度肯定。工信部副部长罗文在演讲时表示，未来要以数字化、网络化、智能化安全技术和装备科研为重点方向，聚焦生产安全、城市公共安全源头治理需求。工信部赛迪研究院安全产业所所长高宏从人防、物防及技防三方面，着重分析了其智能化、信息化发展趋势，并详细介绍了目前在智慧矿山安全系统、智能危化品安全系统、智能建筑安全装备等领域比较成熟的智能安全产品。在本次大会的先进安全产业技术与产品推介会环节，众多企业（如海康威视）也纷纷展示了较为前沿的智能安全产品及解决方案。

此外，粤港澳大湾区（南海）智能安全产业园在智慧安防、安全服务、智能制造工业及管控装备、车辆专用安全装备等方面已形成一定产业基础，引领着智能安全产业发展步伐。

三、本次大会是促进安全产业发展的思想大碰撞

本次大会邀请了超过 2500 人参加，包括国家部委相关领导、国内外顶尖的安全行业专家、全国安全行业龙头企业代表。在为期三天的会议中，与会专家就中国安全产业发展的行业现状、市场预期及未来格局做权威解读，并围绕"城市安全、社会安全以及风险与韧性、监测监控、预测预警、救援处置、应急管理"等十五个公共安全领域的新理论、新方法、新技术与产业新进展、新

趋势和新方向在会上进行了充分交流,实现安全产业各领域顶尖资源汇聚,打造思想盛宴,为安全产业未来发展方向提供了先进思路。

此外,本次会议对安全产业做了最佳宣传。在会议期间,不论是各领域专家学者的发言,还是安全装备推介会中各类产品及技术的展示,都推进了产研对接、产需对接,对安全产业的宣传和提升全民安全意识都有着重大意义。能进一步解决因安全产业专门统计口径的缺失、理论体系不健全、全民对安全产品的认知不深而造成的社会认知度不高的问题,更能有针对性地加强劳动者工作状态的防护产品的供给。通过此次大会对安全产业的全面展示,相信对政府有关部门、相关企业、行业协会、民众来讲都是一次提升思想认识的盛宴,安全产业未来的发展空间必定更加广阔。

第三十三章

"10·28" 重庆万州公交坠江事故

2018年10月28日发生的重庆万州公交车坠江事故，是2018年因乘客与司机争执而发生的死亡人数最多、社会影响最大的重大公共安全事件。该事故的应急救援、舆论应对、事件还原过程清晰透明，舆论后续响应良好，是当前我国重大公共安全事件快速响应的典型案例。该事故的发生以人为因素为主，是因乘客与司机无视公交车的公共场所属性、无视他人的生命财产安全、无视自身的职业要求导致的。另外，该事故反映了我国公交车普遍存在的司机安全防护水平不足、重点营运车辆主动安全水平有待提升、道路基础设施设计标准和建设水平亟待提高等问题。

第一节 事件回顾

一、事故基本情况

2018年10月28日10时08分，冉某驾驶渝F27085号大型普通客车（公交车），由江南新区往北滨路行驶，当车行驶至万州长江二桥桥上时，车辆向左偏离越过中心实线，与邝某娟驾驶的由城区往江南新区方向正常行驶的渝FNC776号小型轿车（车内只有驾驶人）相撞，造成渝F27085号大型普通客车失控冲破护栏坠入长江，渝FNC776小型轿车受损、小车驾驶人受伤的交通事故，事故造成公交车上13人死亡、2人失踪。

二、事故应急处置

事故发生后，在应急管理部副部长孙华山牵头下，应急管理部联合公安部、交通运输部等部门组成联合工作组赴现场协助当地政府开展救援。

2018 年 10 月 28 日 13 时，事故应急处置过程全面展开，到场媒体获取了事故发生的第一批信息。13 时，万州区交通巡警支队对长江二桥进行了交通管制，江面仍可通航；同时已控制了与公交车碰撞的私家车女司机邝某娟，并于 2 天后解除了对邝某娟的控制。

2018 年 10 月 28 日 16 时 30 分左右，水下机器人第一次下潜，受水下情况复杂影响，在下潜 30 余米后，被迫上升返回。

2018 年 10 月 28 日 17 时，警方发布通报："经初步事故现场调查，系公交车在行驶中突然越过中心实线，撞击对向正常行驶的小轿车后冲上路沿，撞断护栏，坠入江中。"

2018 年 10 月 29 日凌晨 2 时，浙江民间专业救援组织——浙江省公羊会公益救援促进会公羊救援队声纳搜索组到达事故发生地点，并依照应急管理部牵头的前线指挥部的要求，搭乘海事船只前往事发江面开展 3D 全地形立体测绘扫描工作，经过 4 个小时的疑似点全覆盖探测工作，锁定上游 20 米、下游 200 米水下 75 米两处车辆疑似点，与之前媒体报道的已探查出的车辆坠江点有所不同。当日白天通过长江救捞局、上海救捞局、公羊救援队的协同探测工作确认，坠江公交车位于长江二桥上游约 28 米、水深约 71 米处。

2018 年 10 月 29 日 14 时 20 分，经公安机关走访调查并综合接报警情况研判分析，初步核实失联人员共计 15 人，其中含公交车驾驶员 1 人。

2018 年 10 月 30 日 8 时许，第 3 具遇难者遗体被打捞上岸。

2018 年 10 月 30 日 10 时，上海打捞局第二批潜水员发现两名遇难者遗体，为一名大人和一名儿童，此时共计打捞出 5 名遇难者遗体。

截至 2018 年 10 月 30 日 15 时，三批下潜救援人员（每批 2 人）已救捞出第七名遇难者遗体，同时还发现 2 名遇难者遗体。此时下潜作业已摸清坠江公交车呈 30 度角前倾、车辆结构部分受损的水下情况。

2018 年 10 月 30 日晚，第五批下水潜水员鲁玉鑫在失事公交车内找到了行车数据记录仪，拆除后于 10 月 31 日凌晨 0 时 50 分打捞出水，并交给当地公安部门。行车数据记录仪打捞出水后，潜水员水下搜寻探摸工作暂告结束。随后为准备车辆的整体打捞，上海打捞局技术人员再次对失事公交车水域进行了扫描探测。

2018 年 10 月 31 日 23 时 28 分，坠江公交车被成功打捞出水。

截至 2018 年 11 月 1 日 15 时，已找到共计 13 名遇难者遗体，其身份已全部确认，但仍有 2 人失联。

2018 年 11 月 2 日，重庆万州长江二桥坠江公交车事故原因正式公布，据技术还原后的行车数据记录仪监控视频显示，为乘客与司机激烈争执、互殴导致车辆失控。

三、事故经过还原

经过公安机关先后调取 2300 余小时监控录像、行车记录仪录像片段 220 余个，全面排查 22 路公交车行进路线的 36 个站点、事发前后过往车辆 160 余车次，调查走访重庆万州长江二桥坠江公交车先期下车乘客、现场目击证人、现场周边车辆驾乘人员、公交公司相关人员及涉事人员关系人共计 132 人，通过综合调查走访情况，并与提取的车辆内部视频监控进行分析研判并相互印证，对事发情况进行了还原，通报如下：

"10 月 28 日凌晨 5 时 01 分，公交公司早班车驾驶员冉某（男，42 岁，万州区人）离家上班，5 时 50 分驾驶 22 路公交车在起始站万达广场发车，沿 22 路公交车路线正常行驶。事发时系冉某第 3 趟发车。9 时 35 分，乘客刘某在龙都广场四季花城站上车，其目的地为壹号家居馆站。由于道路维修改道，22 路公交车不再行经壹号家居馆站。当车行至南滨公园站时，驾驶员冉某提醒到壹号家居馆的乘客在此站下车，刘某未下车。当车继续行驶途中，刘某发现车辆已过自己的目的地站，要求下车，但该处无公交车站，驾驶员冉某未停车。10 时 03 分 32 秒，刘某从座位起身走到正在驾驶的冉某右后侧，靠在冉某旁边的扶手立柱上指责冉某，冉某多次转头与刘某解释、争吵，双方争执逐步升级，并相互有攻击性语言。10 时 08 分 49 秒，当车行驶至万州长江二桥距南桥头 348 米处时，刘某右手持手机击向冉某头部右侧，10 时 08 分 50 秒，冉某右手放开方向盘还击，侧身挥拳击中刘某颈部。随后，刘某再次用手机击打冉某肩部，冉某用右手格挡并抓住刘某右上臂。10 时 08 分 51 秒，冉某收回右手并用右手往左侧急打方向（车辆时速为 51 公里），导致车辆失控向左偏离越过中心实线，与对向正常行驶的红色小轿车（车辆时速为 58 公里）相撞后，冲上路沿、撞断护栏坠入江中。"

第二节　事件分析

一、"人"的因素是事故发生的主要原因

在"10·28"重庆万州公交坠江事故中，乘客与司机争执是事故发生的直接原因。公交车、地铁、城铁等公共交通设施上发生的事故，其影响性质已不单纯是拘于一地的交通运输生产安全事故，其造成的社会影响是极为恶劣的。

在乘客与司机的争执过程中，乘客、司机都没有意识到在公共交通工具上斗殴行为的严重性，也未意识到此类行为已经涉嫌触犯《刑法》。同时，据公安机关事后经数据还原、摸排排查获取情报分析显示，二人争执过程持续了数站，先后同乘的十余名乘客竟无一出来阻止，事不关己的冷漠终至自身亦命丧黄泉。海因里希法则指出，一件重大事故背后必然存在 29 件轻微事故和 300 个潜在隐患。"10·28"重庆万州公交坠江事故不是孤立的，早在 2016 年 3 月 25 日，车牌为豫 PJ0811 的大客车即因车上乘客抢夺方向盘，于安徽省萧县境内失控撞断防撞护栏，翻入路边沟造成 6 人遇难；2017 年 5 月 14 日下午 4 时 30 分，兰州市城关区东岗东路兰大医学院大门口附近，一辆正向东行驶的 75 路公交车上，一乘客抢夺方向盘，致使车辆撞上路边防护栏和电杆，造成 3 人受伤；2017 年 9 月 24 日，湖南长沙浏阳一男子在大巴车上突然抢夺方向盘，致使车辆撞上隧道壁。可见，在"10·28"重庆万州公交坠江事故发生前，抢夺方向盘已成为公交车上的恶性事故的诱因，但此类事故明显没有受到坠江事故公交车上 13 名乘客和两名涉事人员的重视。而在事故发生后，互联网上就事故原因和今后防止此类事故发生的举措进行了大讨论，客观上为人民群众提高对此类事件的防范意识起到了积极作用。然而，此类事故仍然屡见不鲜。2019 年 1 月 28 日晚，长沙 912 路公交车发生了乘客抢夺方向盘事件，造成一名乘客额头受伤。

与坠江事故相对的，则是在武汉长江二桥上发生的针对抢夺方向盘的见义勇为事件。2016 年 5 月 27 日，牌号为鄂 AHE888 的 610 路公交车行驶在武汉长江二桥上时，一女乘客突然抢夺方向盘。司机戚婷婷冷静应对，迅速将车辆停下，拉下手刹。女乘客在抢夺方向盘后，继续抢夺手刹，男乘客吴烨见状，迅速从后排冲至驾驶室将正在进行涉嫌犯罪行为的女乘客拖离驾驶室。事后，司机戚婷婷和男乘客吴烨受到了武汉公交集团表彰和资金奖励。在坠江事故发生后，武汉餐饮业协会会长刘国梁重新找到了吴烨，为其颁发了 10 万元奖励，充分体现了企业、社会参与弘扬社会正能量建设、对见义勇为行动的支持和鼓励。对比这两个结局相反的事故，司机应急处置、同车乘客的行为是改变事件结局的关键因素，同时也暴露出公交车对司机保护措施不当、安全防护人手不足的风险隐患。其一，目前我国公交车上，司机隔离设备属于选装产品，对该类产品是否装、怎么装、防护产品的性能指标等并没有强制性规定；其二，受公交车运营成本限制，公交车难以保证每辆车上都有一位安全员，坠江事故发生后，河南郑州专为这种情况设置了"壮士座"，该设置初衷是美好的，但保障车辆营运安全的职责本应是车辆营运人员的责任，乘客见义勇为值得鼓励，但不应将该责任转移到乘客身上。因此，我国应当及时规范公共交通营运车辆司机安全防护标准，从根本上解决此类问题。

二、发展车辆主动安全装备是防止道路交通领域重特大事故发生的主要方向

车辆主动安全装备防范成为重庆万州公交坠江事故发生后道路交通安全领域的研讨重点。大多数车辆主动防撞系统的设计初衷则是在车辆前方有障碍物时提前进行主动制动，部分发达国家同时要求，公交专用的车道保持系统要能够通过报警形式主动防止司机偏移既定道路。ABS（防抱死制动系统）、ESP（电子稳定控制系统）、ADAS（高级驾驶辅助系统）等诸多车辆的主动安全装备，为防止道路交通领域重特大事故发生做出了积极贡献。其中，智能汽车作为车辆主动安全装备与车联网、大数据等新一代信息技术的结合体，成为车辆主动安全装备集成应用的大方向。为此在 2018 年 1 月 5 日，国家发展和改革委员会产业协调司发布的《智能汽车创新发展战略（征求意见稿）》（以下简称《战略》）指出，发展智能汽车能够有效提高我国道路交通安全保障能力，同时也能够推动多种新技术的融合应用，并通过应用带来的数据积累，增强我国的综合竞争能力。《战略》要求，到 2020 年我国要完成"智能汽车新车占比达到 50%，大城市、高速公路的车用无线通信网络（LTE-V2X）覆盖率达到 90%"的战略性目标。随着车辆主动安全技术装备的快速发展和广泛应用，重点营运车辆的主动安全装备技术标准必将迎来新一轮革新，为提高我国道路交通安全保障能力、防范交通安全重特大事故发生做出新的贡献。

三、主动安全理念将为安全产业整体发展带来新思路

主动安全理念是在事故苗头产生后主动干预、防范事故发生的理念，随着安全生产工作的不断进行和安全产业的快速发展，该理念已从车辆安全技术领域向安全产业整体进行了转移。从理念的源头——车辆安全技术领域来看，以ABS、ESP、ADAS 为核心、无人驾驶技术为发展方向的主动安全技术，从根本上改变了车辆的突发事件响应模式，将车辆安全技术装备的研发理念从"减少损失"向"避免损失"转化，在一定程度上反映了安全生产领域的本质安全理念。然而与本质安全不同的是，本质安全较主动安全理念更加宽泛，后者更加强调安全技术装备在扑灭事故苗头的快速应急响应能力，而本质安全则涵盖了阻止事故苗头出现的概念，主动安全理念应属于应急理念的一种。

在安全产业的各细分行业中，主动安全理念均有所体现。在危险化学品行业，互联网与制造业进行了深度融合，由信息化、自动化、智能化三者融合的

"三化"改造，结合危险化学品生产、储存、运输、销售、使用、废弃处置全生命周期管理，对涉及危险化学品的突发事件苗头进行信息化排查和快速响应，体现危险化学品行业的主动安全理念。在矿山安全领域，以规模化、机械化、标准化、信息化、自动化"五化"融合及"机械化换人、自动化减人"为主，借助先进探测技术和信息化管理技术，推进矿山无人化、增强矿山安全应急响应能力，体现了矿山安全领域的主动安全理念。在城市安全和基础设施方面，随着"大安全"理念的提出，城市安全需求向公共安全方向大步迈进，集合了物联网、大数据等新兴信息技术的智慧城市成为响应城市安全需求变化的先锋，作为"十三五"期间的重要发展方向，智慧城市将突发事件应急处置、隐患信息化排查治理作为应对城市安全风险的有效手段，主动安全理念下的主动干预成为智慧城市运行的主要思路。主动安全理念的兴起，是安全产业为满足人民日渐增长的安全保障需求而选择性发展的必然结果，体现了我国安全生产工作中，应急思维在本质安全工作中越发受到重视的现状。

第三十四章

张家口市"11·28"重大
爆燃事故

第一节　事件回顾

2018 年 11 月 28 日零时 40 分 55 秒，河北省张家口市桥东区大仓盖镇中国化工集团河北盛华化工有限公司（以下简称"盛华公司"）附近发生爆炸起火，事故共造成 24 人死亡、21 人受伤，事故中过火大货车 38 辆、小型车 12 辆，截至 2018 年 12 月 24 日，直接经济损失 4148.8606 万元，其他损失尚需最终核定。事故直接原因是盛华公司氯乙烯气柜发生泄漏，泄漏的氯乙烯扩散到厂区外公路上、海珀尔公司厂区内，遇明火发生爆燃，引发停放在 310 省道上的多辆汽车严重损毁，等待卸货的司机等社会人员大量伤亡。

第二节　事件分析

这起事故是我国 2018 年死亡人数最多的化学品火灾爆炸事故，人员伤亡重大，损失惨重，社会影响十分恶劣。除了再次引起社会对化工和危险化学品安全生产的复杂性和严峻性的高度关注外，分析事故发生的根源以警示其他从事相同行业的企业，避免类似事故再次发生也尤为重要。

一、事故根源

事故的直接原因是：盛华公司聚氯乙烯车间的 1 号氯乙烯气柜长期未按《气柜维护检修规程》（SHS01036—2004）和《盛华化工公司低压湿式气柜维护

检修规程》的规定检修，事发前氯乙烯气柜升降部分出现卡顿、倾斜，环形水封失效导致氯乙烯发生泄漏，随即压缩机入口压力降低，操作人员没有及时发现气柜卡顿，仍然按照常规操作方式加大压缩机回流，进入气柜的气量加大，加之阀门调大得过快，氯乙烯冲破环形水封，气柜内约 2000 立方米氯乙烯泄漏，沿风向往厂区外扩散，遇火源发生爆燃。

除上述直接导致事故发生的原因外，还有几个间接原因也在很大程度上加速了事故的发生。

一是危险化学品企业隐患排查治理不到位。2013 年、2014 年，盛华公司连续两年发生伤亡事故；2015 年 8 月，河北省安监局监察总队三处在组织的观摩式执法检查活动中查明盛华公司存在 71 项隐患和问题，并向有关部门及企业通报。但此次事故表明，以往的事故发生和监管部门检查通报后，盛华公司的隐患整改工作相当不到位。

二是企业及管理者红线意识、底线思维丧失。盛华公司的主要负责人及重要部门负责人长期不在公司，没有"安全第一"的发展理念，没有安全生产的红线意识，更遑论对企业安全生产工作进行管理，导致整个企业的安全生产工作流于形式，只为应付检查，不能起到安全保障作用。

三是中央企业没有起到应有的示范带头作用。中央企业、省属重点企业本应是行业内的排头兵和领头羊，不单在业务方面，在安全生产方面也应以高标准、高质量的工作带动本行业安全生产水平的整体提升，但盛华公司无视自身所处的敏感位置与可能带来的模仿效应，平时工作上的松懈与此次事故的发生，为行业、地方树立了非常不好的反面典型，造成了恶劣的影响。

四是操作人员缺乏安全意识和安全操作知识。气柜 6 年未检修，既是公司管理的疏忽，也是操作人员缺乏安全意识的表现。不按规定检修，此风险威胁的首先是操作人员的安全，但多数人员对环境改变带来的安全风险认识不够，不了解氯乙烯气柜泄漏的应急救援预案，意识淡薄，管控能力差。

二、事故教训

要避免类似事故再次发生，下一阶段要重点做好的工作应有以下几点：

一是要进一步牢固树立安全发展理念。贯彻落实十八大以来习近平总书记对安全生产工作做出的一系列重要指示，认真吸取事故教训，高度重视危险化学品企业安全风险的复杂性与严峻性，尤其是中央企业和省属重点企业，更要提高政治站位，牢固树立"安全第一"的发展理念。

二是要增强企业安全生产主体责任意识。企业是安全生产工作的责任主体，企业管理者是安全生产管理工作的执行者。企业的主体责任意识能否落实到位，关键在于企业管理者是否能将安全放在企业发展的首位，是否能时刻绷紧安全生产这根弦，特别是企业主要负责人的做法，在一定程度上反映了整个企业的安全生产工作作风，增强企业安全生产主体责任意识，要从主要负责人的安全教育抓起，培养主要负责人和各级管理者的安全意识与主人翁意识。

三是要强化责任担当，加强安全监管。安全监管部门要制定安全生产"黑名单"，提高企业违法成本。对企业的安全隐患，不但要检查出来，通报出来，还要严格督促整改，对整改不到位的企业采取罚款、停产等措施，以铁腕手段做好安全监管工作。

四是要加强源头治理，提升本质安全水平。首先，合理危险化学品厂区的选址布局，推进危险化学品生产企业搬迁改造。其次，结合安全产业中改进生产工艺、降低安全风险的产品、技术和装备，提升本质安全水平。

五是要做好一线员工的安全教育和培训。首先，要加强安全意识教育，让一线工作者清楚认识到，安全生产关乎自身安危乃至性命，安全操作是开展工作的前提。其次，开展安全知识培训，制定安全操作规程，让工作人员有规可依，并做到理解和正确应对。最后，要简化、畅通隐患的排查上报渠道，让安全隐患从产生到消失的生命周期无限缩短。

六是要做好安全隐患辨识排查治理工作。2018年11月19日我国发布的新版《危险化学品重大危险源辨识（GB18218—2018）》是对2009年版本的一次修订，于2019年3月1日实施。十年来，我国石化和化学工业飞速成长，2016年我国已成为世界第一大化学品生产国和第二大石化产品生产国。加之生产工艺日趋复杂，化学品生产—储存—运输—经营—使用流程长、环节多，由此带来的危险化学品总量及安全隐患激增，稍有不慎便可引发重大事故。在这种严峻形势下，必须以科学、严谨的安全标准为依据，严格做好安全隐患辨识排查治理工作。

展望篇

第三十五章

主要研究机构预测性观点综述

第一节　中国安全生产网

2018年3月，中国安全生产网刊登了多位两会代表关于安全发展的观点。全国人大代表陆永泉提出有关交通安全的建议时指出，提升安全防护能力水平，需要科技手段支撑。车辆及驾驶员主动安全智能防控系统是由科技企业专为"两客一危"车辆研发的，车载智能终端可以主动识别驾驶员抽烟、打电话、疲劳驾驶、与前方车辆距离过近、频繁变道等危险驾驶行为，及时将相关数据上传至监控平台，并对驾驶员进行干预，实现精准化预警预控。江苏省将实施"平安交通"建设三年行动计划。三年行动计划将重点实施"平安交通建设五大工程"，即交通基础设施安全保障能力提升工程、交通运输重点领域安全防控能力提升工程、科技兴安创新工程、交通运输从业人员及交通参与者素质提升工程和交通运输突发事件应急处置能力提升工程，开启交通运输安全智能防控新时代。

全国人大代表王维峰提出了实现安全产业高质量发展目标的三项工作：提升企业研发能力、开展协同创新、加快培育科技"小巨人"企业。全力建设的国家安全科技产业园，从硬件和软件两个方面为企业创新提供了支持，驱动安全科技不断进步。王维峰代表认为，在研发到一定阶段后、规模生产之前，企业需要测试实验室产品的稳定性，先进行小规模生产，之后才能进行量产。产业园内可针对这一过程提供配套的中试基地和生产基地。除此之外，还需要结合地区实际出台一系列政策，为企业创新在突破技术、体制和金融制约方面提供助力，逐步建立以企业为主体、市场为导向、政产学研金结合的技术创新体系，真正发挥产业园对安全科技企业的孵化作用。

2018 年 10 月，第九届中国国际安全生产论坛在浙江杭州举行，中国安全生产网刊登了报道文章，以"强化事故预防，促进安全发展"为题，对我国安全生产事业的历史发展和未来工作进行了阐述。报道指出，安全生产事关人民切身利益和改革发展稳定大局，党和政府高度重视，广大企业改革创新，推动我国安全生产事业取得历史性进展，主要表现在：

第一，安全生产责任体系日益健全。为了加强地方各级党委和政府的领导，地方政府出台了《地方党政领导干部安全生产责任制规定》，建立了安全生产巡查、考核考察、约谈、问责追责等制度，大力推进安全生产诚信体系建设，落实"促一方发展、保一方平安"的政治责任。

第二，安全生产源头治理成效显著。对不符合安全生产条件的生产经营单位坚决予以关闭退出，淘汰落后产能，一大批风险隐患被消除。

第三，安全生产法治体系逐渐完备。通过多项法律法规、部门规章、安全生产标准的制修订，严查严惩各类安全生产违法违规行为。

对未来安全生产工作，报道提出以下几方面重点工作：

一是大力牢固安全生产基础。不断完善安全投入长效机制，狠抓安全生产费用提取利用管理，同时实行安全生产责任保险制度，逐步健全激励约束企业安全投入的机制。推动智能装备、工业机器人等在高危生产环节的普及和应用，加快安全生产信息化和智能化建设。以提高全社会和从业人员安全技术能力素质为目标，持续加强安全文化建设。

二是要严格落实安全生产责任，严格事故查处和责任追究，让各地、各行业具有促进安全发展的自觉性和主动性。

三是对重大安全风险进行有效管控，不断强化预防措施，同时完善风险评估、监测和防控机制，推进企业安全生产标准化建设。

四是全面提升依法治安水平。发挥法律的威慑作用，规范监督执法，依法查处违法违规行为。

第二节　中国安防行业网

2018 年，是中国安防行业经历了健康、持续、稳步发展的一年。不仅传统安防的网络化、数字化、智能化步伐加快，在 AI 的落地应用，以及"雪亮工程""智慧城市"等建设的大力推动下，安防行业迎来了新一轮的发展契机。回首这一年的历程，在互联网、人工智能、智慧城市等概念的火爆中，政府相继推出一系列规范、法规、政策和标准，指引着安防行业发展的方向，为行业持续发展提供了有力保障。中国安防行业网根据相关资料整理，2018 年国家相关部委及管理机构发布的法律、法规、部门规章及规范性文件共 19 项，此外还有地方性法规、政府规章及规范性文件共 24 项。

2018 年 12 月，中国安防行业网发布专题文章，聚焦中国安防行业的发展现状及其国际贸易的发展趋势。该文章指出，安防行业不仅是经济体系的组成部分，还是社会公共安全的重要支撑。在改革开放 40 年中，中国安防行业经历了从"引进来"到"走出去"的巨大变化，取得了可喜的进步，目前已形成了完整的产业链，产品市场占有率和应用能力都迈入世界前列。

中国安防行业网指出，在政府持续大力推动下，近些年国内外安防市场需求不断增加，安防产业稳步增长。其中，实体防护、出入口控制、视频监控、入侵报警、防爆安检等各个领域都取得了全面的发展。安防行业增长速度保持在 10% 以上，高于我国其他行业平均水平。每年安防产品、工程和服务等的市场总量增加额为 500 亿～600 亿元，增长态势相对稳定。据统计，2017 年年末，我国安防企业数量约为 3 万家，从业人员约为 180 万人，总收入达 6100 亿元，较上年增长 11%，预计 2018 年安防企业年总收入将达到 6700 亿元左右，比 2017 年增长 10%。

安防行业所涵盖的市场其实早已经超越了单纯的安防技术与产品。传统的安防技术领域不仅逐渐被视频压缩算法、芯片技术等替代，安防产品的网络化、智能化更是将其引入了更多、更新的生物智能、IT 等科技范畴。随着"雪亮工程"建设全面展开，智慧城市建设步伐加快，将继续带动安防行业新的市场需求，推动安防产业持续发展。对此，中国安防行业网认为安防产业发展主要具备三个特征。一是视频监控的产业集成度大幅提升，发展最快。视频监控近年来在行业中保持着约为 15% 的最快增长速度，2018 年市场总规模预计将达到 3800 亿元，占整个安防行业的 57%。此外，生产视频监控产品的前 8 家企业销售额占比也从十年前的 11% 提高到 2017 年的 62%，市场从分散竞争状态发展为接近高度寡占型。二是行业解决方案日益成熟，市场应用拓展广泛深入。从公安、金融、交通、医疗等领域开始，安防产品的应用已逐步向社区家庭、环保和生产安全等新领域逐步推广，并且形成了数十个大的行业领域。行业内的应用需求也正在向更深入的方向发展，多设备多系统的集成和共享需求逐渐显露，安防产品制造企业也正在经历向解决方案提供商转变的过程，向市场提供一体化的系统解决方案。三是企业自助创新活跃，产业转型升级步伐加快。据统计，我国安防企业科研费用占主营收入的 5% 左右，高于全国平均水平。云计算、大数据、物联网、4G 等技术在安防领域被广泛应用，一些超大规模的联网平台技术也逐步成熟。同时，一些领域的尖端技术国产化率有了较大提高，在人工智能研发与应用方面达到了世界先进水平，安防机器人市场成为具有巨大发展潜力的新市场，其功能与应用场景在人脸识别等人工智能技术的加速下，得到了极大丰富，未来可能成为贯穿事前、事中、事后预警、报警和处置的有力助手，为保卫城市公共安全带来便利。

对于未来我国安防行业国际贸易的发展趋势，中国安防行业网认为，我国安防行业的发展与国际合作和贸易紧密相连，我国安防企业走向世界面临良好机遇。世界各国对安防技术产品需求不断增加，但国际贸易形势的变化也给中国企业国际化带来各种挑战。新的市场机遇主要表现在：发达国家对安防产品的需求不仅稳定并仍在增长，"一带一路"沿线地区给我国安防企业"走出去"带来良机，金砖国家开始大规模安装和使用安防设备催生对安防产品的大量需求，以及非洲、拉美等发展中国家与我国合作日益加深将会带动产生新的安防市场需求。面临的挑战主要表现在：美国加征关税对我国安防产品造成影响，以"国家安全"名义限制视频监控设备进口影响我国相关产品出口，以及对我国高科技产品的限制等。

2019 年 1 月，中国安防网转发专家论文指出，安防市场整体智能化升级，迈入智慧安防时代。智慧安防产业链包括零组件、算法和芯片等组成的上游供应商，由软硬件设备设计、制造和生产环节，主要包括前端摄像机、后端存储录像设备、音视频产品、显示屏供应商、运营服务商等组成的中游供应商，以及涉及产品分销及终端的政府、公共行业、民用行业等下游城市级、行业级和消费级客户。在新兴技术的推动下，智慧化成为安防行业发展的主流，在安防行业的占比越来越大。目前，视频监控在二三线城市的覆盖率仍然较低，这为其智能化带来巨大的提升空间，未来智慧安防行业发展动力巨大。

第三节　中国安全产业协会

2018 年 9 月，在 2018 中国消防安全产业大会上，中国安全产业协会理事长肖健康在发言中指出，近年来我国安全产业事故大幅下降，安全生产形势依然严峻。应急管理部的组建将应急管理的功能形成统一高效的管理。消防安全产业是应急产业的核心之一，安全产业是为了安全生产、应急救援提供技术支撑的产业。所召开的一系列安全产业大会将大大推动安全产业的发展。消防安全产业是安全产业的重要组成部分，也是突破的重要领域，要全力以赴实现消防安全产业的升级，实现智能制造，铸造更多的企业转型升级。

2018 年 10 月，在接受《劳动保护》期刊采访时，肖健康理事长总结了我国安全产业体系目前的发展状况，他表示，安全生产关乎社会大众权利福祉、经济社会发展大局和人民生命财产。党和政府高度重视安全生产工作，近年来采取了一系列强有力的措施，安全生产状况持续稳定好转，但目前全国安全生产的形势仍然十分严峻。安全产业是国家重点支持的战略性产业，在安全产业体系建设中，道路交通和建筑施工行业是重中之重，目前已有部分成熟的安全产品用于这些领域的事故防范。但要想更大范围推广产品，还需要解决以下几方面困难：第一，要创新理念，树立事故可以预防的理念，为社会提供本质安全保障；第二，要转变思想，真正认识"安全第一"；第三，要确立新标准，推动安全产业团体对标准进行制定宣贯；第四，要树立行业正气，扭转垄断和排斥新产品等行为；第五，要推动全国安全技改专项经费的设立，对安全装备进行改造升级；第六，要加强安全宣传，通过多种宣传形式提高安全理念和认识，促进行业、企业、社区、家庭提升安全意识。

针对我国安全领域企业技术研发水平中等偏下的问题，肖健康理事长认为，安全人才队伍发展不平衡、科技人才缺乏、专业人才素质不高、人才总量不足、培养机制和科研体制管理模式固化等问题仍然十分突出。为了改变这种状况，重点需要做以下几方面工作：第一，积极引进吸收、消化、创新国外安全产业发展成果；第二，促进跨界融合和集成创新，把传统的安全应急产业向智能安全应急产业改造发展；第三，将安全产业定位为我国的基础产业，持续发展本质安全的装备设备；第四，转变安全认识，加强智能培训。

2018 年 11 月 15 日，在中国安全产业协会 2017—2018 年年度会议上，中国安全产业协会理事长肖健康做了《把握机遇，迎难而上，努力开创协会工作新局面》的年度工作报告。报告指出，2017—2018 年国家出台一系列安全发展政策文件，安全产业迎来了大发展的机遇；国家提出加快安全产业发展，两年实现万亿目标，确保人民生命财产安全，为深化改革提供安全发展保障。报告还指出，新形势下安全产业发展的核心是：深入认识安全产业的公共属性，创新融合性标准倒逼转型，实现智能制造淘汰落后产能，提供本质安全功能保障，创建社会化服务体系，推动万亿经济增长，有效遏制重特大事故，为社会提供人性化服务，智能化服务和本质安全保障，为保障全国城市安全发展做出积极贡献。

第四节　中国安全生产科学研究院

2018 年 2 月，中国安全生产科学研究院院长张兴凯在《劳动保护》期刊发表文章，总结了我国安全生产应急救援科技装备现状与发展情况。主要观点如下：

一是关于安全生产应急救援科技装备现状。张兴凯表示，应急救援装备制造成为装备制造业的重要组成部分。随着我国社会经济持续快速发展和工业化进程的不断加快，事故灾难的风险随之加大，催生了应急救援类装备的发展。进入"十三五"以来，相关装备的研发投入大幅增长，科研能力显著增强，研发成果大幅增加，带动大批高校、研究院所、应急装备制造企业参与其中。一批重大科研成果有力地支撑了应急救援工作，并在多个省市推广，提高了政府安全监管和事故应急救援的技术水平。同时，还应看到我国应急救援科技装备仍存在装备检测能力不配套、应急装备效能不高、重大应急装备国产化率低、新兴重大装备使用率低等问题。

二是关于安全生产应急救援装备发展的前景。张兴凯提出，首先，应急装备科技需求大，各方将继续加大投入，以进一步提升应急救援成效，降低事故灾难损失。其次，急需国家投入建设应急实训监测基地。需要形成从装备、队伍、实训演练到管理各方面的完整体系，提高应急救援能力水平。最后，未来安全生产应急装备有重大科技需求。在国家和地方对安全应急产业的持续支持下，未来将有大批自主研发制造的高科技装备投放市场，并逐渐取代进口装备。"大型化、智能化、速度快、效能高"是未来装备研发的方向，从而大幅提升我国应急装备制造业的能力和水平。

第三十六章

2019 年中国安全产业
发展形势展望

第一节 总体展望

2019 年，我国安全产业发展将面临新局面。发展要坚持以习近平新时代中国特色社会主义思想为指导，全面贯彻落实党的十九大和十九届二中、三中全会精神，认真贯彻中央经济工作会议精神和党中央、国务院关于安全发展的工作决策部署，树牢"四个意识"，坚定"四个自信"，坚决做到"两个维护"，坚持以人民为中心的发展思想，坚持稳中求进工作总基调，全力防范化解重大安全风险，全力保护人民群众生命财产安全和维护社会稳定，不断增强人民群众获得感、幸福感、安全感，为实现"两个一百年"奋斗目标和中华民族伟大复兴的中国梦做出应有的贡献。发展安全产业，发挥好工业安全生产对我国经济社会安全发展的保障作用将迎来新的有利时机。目前，我国安全生产形势依然严峻，安全生产基础依然薄弱，实现安全发展的目标任务压力巨大。从本质上、源头上消除安全生产隐患，有效防范和坚决遏制重特大事故，为经济高质量发展创造稳定的安全环境，安全产业的发展要不断迎接新要求与新形势的挑战。

在深入学习贯彻习近平新时代中国特色社会主义思想和党的十九大精神的形势下，继续保持全国安全生产形势持续稳定好转的态势，确保"十三五"安全生产目标的实现，安全产业发展肩负更多的责任与使命。在党中央、国务院的直接领导下，通过全国人民的共同努力，全国安全生产形势继续保持稳定好转。2018 年，全国发生一次死亡 10 人以上的重特大事故 19 起，相比 2005 年的 134 起下降幅度达到 86%；自新中国成立以来首次全年未发生死亡 30 人以上的特大事故，全年安全生产事故总量、较大事故、重特大事故同比实现"三个下降"；2018 年全国自然灾害因灾死亡失踪人口、倒塌房屋数量和直接经济损失同比近 5 年来平均值分别下降 60%、78% 和 34%，有效维护了人民群众生命财产安全和社会稳定。然而，目前我国的安全生产还处在脆弱期、爬坡期和过坎期，事故还处于易发多发阶段，应始终绷紧安全生产这根弦，下更大力气排除隐患，化解风险。主要因为安全发展理念不牢固，重发展数量、轻发展质量，造成企业在经济发展的过程中安全的底线、红线意识还不牢固；风险隐患点多面广的问题依然突出，安全基础不牢的局面没有根本改变；企业安全生产主体责任落实不到位，安全投入不足，安全设施不够；部分地方政府和部门监管不到位，仍然需要不断改进。为安全生产、防灾减灾、应急救援等安全保障活动提供专用技术、产品和服务，发展安全产业都具有非常重要的意义。因此，在满足安全生产、防灾减灾、应急救援等安全保障活动所需专业的技术、产品和服务的提供过程中，安全产业为我国经济社会安全发展提供保障的任务将更加艰巨。

展望 2019 年，认真学习贯彻落实十九大"树立安全发展理念"的总要求，依然是指导安全产业发展的根本要求。2018 年安全产业得到了长足进步，2018 年印发的《关于加快安全产业发展的指导意见》，明确了到 2020 年和 2025 年安全产业发展的目标，提出了培育市场需求，壮大产业规模的"5+N"计划，对于发展安全产业、培育新经济增长点具有重要意义。在逐步健全技术创新、标准、投融资服务、产业链协作和政策五大体系支撑下，安全产业发展将迎来战略机遇期。2019 年在这一进程中是关键的一年。2019 年安全产业将在《关于加快安全产业发展的指导意见》的指导下，"十三五"期间安全基础保障能力建设要求，组织实施"5+N"计划，完善产业体系，扩大产业规模。预计在 2019 年，我国安全产业将继续保持 20% 左右的增长率，整体产业规模有望达到万亿元。

第二节　发展亮点

一、加快安全产业示范园区建设，推进集聚发展

落实《关于加快安全产业发展的指导意见》，在《国家级安全产业示范园区（基地）创建指南》文件印发后，已产生了良好的效应，许多有基础、有潜

力、示范效应明显的地区已开始积极申报国家安全产业示范园区。继续做好宣贯工作，促进申报条件、申报流程、命名管理及评价指标等规定的有效传达，并协同各省级工信主管部门及省应急管理部门做好示范园区组织申报和初审等工作，不断推动安全产业集聚发展。

二、先进安全技术和产品推广应用工作将进一步加强

根据《关于加快安全产业发展的指导意见》提出的三大重点方向，结合安全发展需求，制定产业发展指导目录，计划每 2 ~ 3 年更新一次，为各地明确产业范围、发展方向提供参考。2019 年，工信部将继续会同应急管理部、科技部编制《推广先进与淘汰落后安全技术装备目录》，每年遴选一批先进安全产品和服务编入目录，并会同相关行业管理部门推广应用结合安全发展需求，加大推广应用力度。

三、安全产业示范工程将有序展开

按照要求，结合我国重点安全领域的需要，将在交通、矿山、工程施工、危险品、重大基础设施、城市安全等行业和领域，以风险隐患源头治理和遏制重特大事故为导向，会同国务院相关部门征集与遴选一批国家级安全产品示范工程。目前工信部正组织相关单位编制示范工程集和编制《安全产品推广应用三年行动计划》，拟于 2019 年上半年会同应急管理部、科技部等相关部委联合发布。

四、继续做好健全安全产业投融资体系建设

自 2015 年工信部与平安集团等金融机构签署战略合作以来，经过三年多的探索和实践，现已设立了民爆行业发展投资基金、汽车安全产业发展投资基金两只行业产业基金，指导设立了徐州安全产业发展投资基金和陕西省安全产业发展投资基金两只地方产业基金。2019 年，将积极申报，力争将安全产业纳入政府基金投资范畴；同时，积极与地方政府及行业主管部门合作，设立更多的地方安全产业发展投资基金和行业安全产业发展投资基金；建立安全产业投融资项目库，引导股权投资基金、创业投资基金支持产业发展和园区建设；继续加大与投融资机构的合作，通过开展百家投资机构安全产业万里行等活动，引导更多金融服务机构参与地方安全产业发展，鼓励金融研究机构开展安全产业指数研究，支持企业发展壮大。

五、持续营造有利于安全产业发展的政策环境

在 2018 年首届中国安全产业大会成功举办的基础上，在地方政府的支持下，将继续邀请产业界、学术界、金融界办好安全产业大会；围绕长江经济带、粤港澳大湾区、东北老工业基地的部省合作部署已经初步完成，继续推动与地方政府安全产业发展战略合作协议签约，西北等其他地区的部省合作于 2019 年启动。持续优化产业发展环境，促进高校和科研机构的安全科技创新能力建设，引导企业聚焦重点行业领域安全需求，以数字化、网络化、智能化安全技术与装备科研为重点方向，攻克一批产业前沿和共性技术，并通过创投基金等渠道大力支持转化一批先进适用的安全技术和产品，实现大规模的推广应用。

附录 A

工业和信息化部、应急管理部、财政部、科技部《关于加快安全产业发展的指导意见》

各省、自治区、直辖市及计划单列市、新疆生产建设兵团工业和信息化主管部门、安全生产监督管理局、财政厅（局）、科技厅：

安全产业是为安全生产、防灾减灾、应急救援等安全保障活动提供专用技术、产品和服务的产业，是国家重点支持的战略产业。发展安全产业对于落实安全发展理念、提升全社会安全保障能力和本质安全水平、推动经济高质量发展、培育新经济增长点具有重要意义。为落实《中共中央国务院关于推进安全生产领域改革发展的意见》（中发〔2016〕32号），现就安全产业发展提出如下意见。

一、总体要求

（一）指导思想

全面贯彻党的十九大精神，以习近平新时代中国特色社会主义思想为指导，牢固树立安全发展理念，弘扬生命至上、安全第一的思想，聚焦风险隐患源头治理，以坚决遏制重特大安全生产事故为目标，以提升安全保障能力为重点，以示范工程为依托，着力推广先进安全技术、产品和服务，提升各行业领域的本质安全水平；以企业为主体，市场为导向，强化政府引导，着力推动安全产业创新发展、集聚发展，积极培育新的经济增长点。

（二）基本原则

创新驱动，优化供给。加快关键、亟须新技术新产品研发，提高安全产品供给质量，不断缩小与国际先进水平差距；加快推动商业模式创新，深化产融合作，积极培育安全服务新业态。

突出重点，集聚发展。聚焦安全生产事故高发、频发的重点行业领域，优先发展可有效防范事故、具有重大推广应用价值的专用技术与产品；提高产业集中度，完善产业链，促进产业发展规模化、专业化、集聚集约化。

需求牵引，示范带动。提升安全标准，强化安全监管，激发市场需求，推广先进可靠的安全产品和服务；面向重点行业领域，坚持问题导向，实施安全产品试点示范应用工程，引导社会资本投入，有力拉动安全产业发展。

规范引导，有序推进。充分发挥市场在资源配置中的决定性作用，调动市场主体发展安全产业的积极性；加强行业自律，规范市场秩序，营造有利于安全产业健康发展的市场环境。

（三）工作目标

到 2020 年，安全产业体系基本建立，产业销售收入超过万亿元。先进安全产品有效供给能力显著提高，在重点行业领域实现示范应用。

创新能力明显提高。突破一批保障生产安全、城市公共安全的关键核心技术，研发一批具有国际先进水平的安全与应急产品，推广应用一批"机械化换人、自动化减人"的安全技术装备。

集聚效应初步显现。创建 10 家以上国家安全产业示范园区，培育 2 家以上具有较强国际竞争力的骨干企业和知名品牌，打造百家专业化的创新型中小企业。

发展环境持续优化。技术创新、标准、投融资服务、产业链协作以及政策保障等产业支撑体系初步建立，一个有利于产业健康发展的市场环境基本形成。

行业应用不断深化。组织实施一批试点示范工程，在交通运输、矿山、危险化学品、工程施工、重大基础设施、城市公共安全等重点行业领域推广应用一批具有基础性、紧迫性的安全产品，为遏制重特大事故提供有力保障。

到 2025 年，安全产业成为国民经济新的增长点，部分领域产品技术达到国际领先水平；国家安全产业示范园区和国际知名品牌建设成果显著，初步形成若干世界级先进安全装备制造集群；安全与应急技术装备在重点行业领域得到规模化应用，社会本质安全水平显著提高。

二、发展方向

面向生产安全和城市公共安全的保障需求，制定目录、清单，优化产品结构，引导产业发展，创新服务业态。

（一）加快先进安全产品研发和产业化

风险监测预警产品。生产安全领域，重点发展交通运输、矿山开采、工程施工、危险品生产储存、重大基础设施等方面的监测预警产品和故障诊断系统。城市安全领域，重点发展高危场所、高层建筑、超大综合体、城市管网、地下空间、人员密集场所等方面的监测预警产品。

安全防护防控产品。生产安全领域，重点发展用于高危作业场所的工业机器人（换人）、人机隔离智能化控制系统（减人）、尘毒危害自动处理与自动隔抑爆等安全防护装置或部件、交通运输领域的主被动安全产品和安全防护设施等。城市安全领域，重点发展智能化巡检、集成式建筑施工平台、智能安防系统等安全防控产品。综合安全防护领域，重点发展电气安全产品、高效环保的阻燃防爆材料及各类防护产品等。

应急处置救援产品。应急处置方面，重点发展应急指挥、通信、供电和逃生避险等产品，以及危险品泄漏等应急处置装备。应急救援方面，重点发展各类搜救、破拆、消防等智能化救援装备。

（二）积极培育安全服务新业态

在规范发展安全工程设计与监理、标准规范制定、检测与认证、评估与评价、事故分析与鉴定等传统安全服务基础上，积极发展安全管理与技术咨询、产品展览展示、教育培训与体验、应急演练演示等与国外存在较大差距的安全服务，重点发展基于物联网、大数据、人工智能等技术的智慧安全云服务。

三、重点任务

组织实施"5+N"计划，逐步健全技术创新、标准、投融资服务、产业链协作和政策五大支撑体系，开展 N 项示范工程建设，培育市场需求，壮大产业规模。

（一）健全产业技术创新支撑体系

建设一批高水平科技创新基地。按照国家科技创新基地总体部署，推动国家重点实验室建设和优化整合，大幅提升安全产业领域持续创新能力。组建若干个细分领域安全技术创新联盟，推动安全技术示范应用、科学普及与教育培训基地建设，逐步形成国家安全科技示范网络和成果推广体系。

攻克一批产业前沿和共性技术。聚焦重点行业领域安全需求，以数字化、网络化、智能化安全技术与装备科研为重点方向，通过中央财政科技计划（专项、基金等）支持符合条件的灾害防治、预测预警、监测监控、个体防护、应急救援、本质安全工艺和装备、安全服务等关键技术的研发。

加强安全技术成果转移转化。通过创投基金等渠道支持转化一批先进适用安全技术和产品。鼓励地方政府完善科技成果转化激励制度，健全科技成果评估和市场定价机制，提升科技创新和成果转化效率。

（二）健全产业相关标准体系

建立完善产业相关标准体系。全面梳理安全技术装备标准建设的需求和存在的问题，完善包括强制性国家标准、推荐性国家标准、行业和地方标准、团体标准、企业标准等在内的标准体系框架，建立政府主导制定与市场自主制定的标准协同发展、协调配套的新型标准体系，促进产品和服务推广应用。

制修订一批关键亟须的技术和产品标准。按照"急用先行、逐步完善"的原则，面向重点行业领域，推动一批安全技术、产品的强制性标准制修订，组织制修订相关安全产品行业标准，鼓励制定相关团体标准，并组织标准的宣贯和培训。

制修订重点领域安全生产标准。根据安全生产执法检查发现的突出问题、事故原因分析和新工艺技术装备应用等情况，及时制修订安全生产标准，提高重点行业领域安全生产标准，推动先进安全装备应用。

（三）健全投融资服务体系

探索建立政策引导、市场化运作的投资服务体系。鼓励地方将安全产业纳入政府基金投资范畴，引导金融机构等积极参与地方安全产业发展投资基金和行业安全产业发展投资基金；引导股权投资基金、创业投资基金等各类民间资本为企业发展、安全产业园区建设和智慧社会安全基础保障能力建设等提供支持。

推动企业利用多层次资本市场进行融资。鼓励企业按照国家相关政策在资本市场进行股权融资，以发行公司债券、资产支持证券等方式进行债权融资。鼓励金融研究机构开展安全产业指数研究，引导社会资本关注安全产业。

积极发展安全装备融资租赁服务。引导国内大型融资租赁机构与安全装备生产企业组建融资租赁服务联合体，通过融资租赁等方式，为企业生产安全、城市公共安全等提供大型安全装备、基础设施等融资租赁服务。

（四）完善产业链协作体系

建设安全产业大数据平台。依托制造强国产业基础大数据平台，构建多方合作、共建共享的国家安全产业基础数据库。基于云计算和大数据分析技术，面向各类市场主体提供供应链合作、经济运行分析、技术和市场发展趋势研判、产业区域布局优化、示范应用、政策效果评估等公共服务。

继续开展国家安全产业示范园区创建。编制发布《国家安全产业示范园区创建指南》，鼓励有条件的地区发展各具特色的安全产业集聚区，形成区域性安全产业链。在示范园区基础上，择优建设一批安全产业国家新型工业化产业示范基地，逐步培育成为具有国际影响力的先进安全装备制造集群。

建设安全产业公共服务平台。依托现有社会公共服务资源，选择一批基础好、信誉高的技术服务机构，扶持建设一批公共服务平台，规范服务标准，提升服务质量，增强对园区建设、产业链协同发展等方面的支撑作用。

大力发展服务型制造。支持地方政府、园区、企业积极发展本质安全工艺和产品设计服务、安全装备（系统）定制化服务、全生命周期安全管理服务等服务型制造，对接科技、金融等多种资源，创新商业模式，引导企业深度参与上下游产业链协同和社会协作。

（五）完善政策体系

完善产业支持政策。充分利用现有资金渠道，引导和鼓励社会资本加大对安全产业相关领域的支持力度。发挥国家安全产业基础数据库作用，每年遴选一批先进安全产品编入《推广先进与淘汰落后安全技术装备目录》，增强对企业安全设施改造升级和风险隐患治理、示范工程建设、社会资本投资等方面的指导作用。落实企业安全生产费用提取与使用管理制度，鼓励企业应用先进适用的安全技术、产品和服务，提升安全基础保障能力。

探索安全产业与保险业合作机制。利用首台（套）保险补偿机制支持符合条件的重点行业领域重大安全技术装备。鼓励地方政府和企业在国家保险政策支持范围内与保险企业开展合作，吸引保险资金参与重点行业领域和区域性安全产品示范工程建设及安全基础设施建设。鼓励安全产品研发制造企业与保险企业开展合作，创新商业模式、销售渠道和产品服务等，加速推动先进安全技术、产品和服务的规模化应用。

（六）建设 N 项试点示范工程

编制安全产品推广应用三年行动计划。根据我国安全生产形势变化，从国家安全产业基础数据库中筛选出一批安全产品，制订安全产品推广应用行动计划，确定行动目标、实施方案和进度安排等事项。

组织开展先进安全产品应用示范。面向交通运输、矿山开采、工程施工、危险品、重大基础设施和城市安全等重点行业领域，会同国务院相关部门和地方政府组织建设 N 项国家、省、市级先进安全产品应用示范工程，逐步探索有效的经验和模式，不断完善后在相关领域推广。

四、营造有利发展环境

（一）加强组织领导

工业和信息化部、应急管理部、财政部、科技部将建立沟通协调机制，加强组织领导，加强与国务院有关部门在政策、规划、法规、标准、市场准入等各方面的协调沟通。各地相关部门要参照本意见要求，制定促进本省（区、市）安全产业发展的政策措施，充分发挥行业协会、产业联盟等中介机构的桥梁纽带作用，促进安全产业有序、健康、可持续发展。

（二）加强国际合作

鼓励企业加强国际科技创新合作，引进、消化、吸收、再创新国外先进安全技术和服务理念；鼓励企业、技术服务机构积极参与国际标准制定，牵头或参与建立国际安全产业创新联盟。鼓励企业参与并购、合资、参股国际先进安全科技企业或设立海外研发中心；鼓励安全装备企业和安全服务企业以服务"一带一路"建设和国际产能合作为重点，积极开拓国际市场。鼓励国外创新资源与国内安全产业创新发展需求开展对接，促进国际先进安全科技成果转移转化。

（三）加强人才培养

合理利用高等院校和科技资源，吸纳高素质人员进入安全科技领域，加强安全科学与工程学科建设和高层次专业人才队伍培养。依托重点企业、行业协会开展安全领域急需紧缺人才培养，鼓励社会培训机构开展面向安全产业专业人才培训。支持相关高校开展安全产业相关学科专业建设，推动校企协同，改进产教融合、校企合作办学模式，加强安全领域复合型人才培养。

（四）加强宣传教育

组织召开中国安全产业大会和安全装备博览会，通过会展集聚带动产业集聚，推进产研对接、产需对接、产融对接。鼓励相关部门和机构建设宣传培训演练基地，编写出版安全教材与科普手册，摄制安全生产公益广告和警示教育片；充分利用广播、电视、网络、报纸、卫星传输平台、新媒体等平台，加强安全知识宣传，提高全民安全意识、知识水平和避险自救能力。

附录 B

《国家安全产业示范园区
创建指南（试行）》

第一章　总则

第一条　为落实《中共中央、国务院关于推进安全生产领域改革发展意见》和《安全生产"十三五"规划》部署，指导国家安全产业示范园区建设工作，促进安全产业集聚发展，按照《关于加快安全产业发展的指导意见》（工信部联安全〔2018〕111号）要求，制定本指南。

第二条　本指南所指国家安全产业示范园区（以下简称示范园区）是指依法依规设立的各类开发区、工业园区（聚集区）以及国家规划重点布局的产业发展区域中，以安全产业为重点发展方向，具有示范、支撑、带动作用，特色鲜明的产业集聚、集群区域。

第三条　本指南适用于示范园区和示范园区创建单位［以下统称示范园区（含创建）］的申报、评审、命名和管理等工作。

第四条　示范园区（含创建）建设工作要统筹布局、因地制宜、合理定位、有序推进。

第五条　工业和信息化部会同应急管理部负责示范园区（含创建）的命名和指导工作。各省、自治区、直辖市及计划单列市、新疆生产建设兵团工业和信息化主管部门会同当地应急管理部门（以下分别统称省级工业和信息化主管部门、省级应急管理部门）负责组织本地区示范园区（含创建）的初审和上报等工作，并配合工业和信息化部、应急管理部指导示范园区（含创建）的建设工作。各类开发区、工业园区（聚集区）等管理机构负责示范园区（含创建）的建设、申报和管理等工作。

第二章　申报条件和评价指标

第六条　申报示范园区（含创建）应当具备以下基本条件：

（一）产业规划。具有明确的产业发展规划和目标，发展内容符合相关政策要求。

（二）产业实力。具有一定区位优势、产业基础和创新能力；有特色鲜明的发展区域，示范园区（含创建）内企业年销售收入须达到一定规模。其中，示范园区不低于 100 亿元（特殊类型地区不低于 80 亿元），创建单位不低于 40 亿元（特殊类型地区不低于 30 亿元）。

（三）产业集聚。安全产业相对集中，有一定企业数量，其中骨干企业位居同行业前列或具备良好发展潜力，行业带动性强，市场前景良好。

（四）组织体系。有负责园区建设和管理的组织体系，有相应的工作机制、园区信息化管理制度和具体工作方案。

（五）安全服务。具有为周边区域提供安全教育培训、演练体验等安全服务的能力，安全服务基础较好。

（六）公共服务。具有公共服务机构，服务标准规范；投融资、保险、科技成果交易、现代物流、人才引进等产业服务体系较为完善。

（七）安全管理。园区内安全生产管理规范，企业安全生产责任制健全，安全生产管理体系完善，近三年内未发生较大及以上生产安全事故。

（八）发展环境。园区所在地各级政府在发展规划、技术创新、财政政策、政务服务和人才发展等方面有明确支持安全产业发展的要求。

第七条　示范园区（含创建）的评价指标体系包括产业规模、创新能力、安全保障和发展环境 4 类一级指标和 19 个二级指标。

第三章　申报、评审和命名

第八条　申报材料包括：

（一）申报单位所在省级工业和信息化主管部门、应急管理部门的联合上报文件和初审意见。

（二）示范园区（含创建）建设方案。

（三）示范园区（含创建）申报表（在国家安全产业大数据平台 http://safetybigdata.org 申报系统中打印）。申报表中涉及的产业规模数据，以当地统计部门确认的数据为准。

（四）园区内安全产业领域相关企业和科研机构信息（需企业和科研机构在国家安全产业大数据平台上填报）。

第九条　根据评价指标体系设置的条件和要求，申报单位结合自身情况自愿向所在省级工业和信息化主管部门提出申报示范园区或创建示范园区的申请，并通过国家安全产业大数据平台申报系统在线提交申报材料。省级工业和信息化主管部门会同应急管理部门联合审查后，通过在线申报系统提交审查意见扫描件，并将所有申报材料纸质版原件一式 3 份送工业和信息化部。

第十条　工业和信息化部会同应急管理部委托第三方机构组织专家对申报单位进行评审。

第十一条　评审采用专家打分制，必要时可组织现场考察。未通过评审的申报单位可对材料补充完善，报工业和信息化部和应急管理部申请复审。复审仍未通过的，本年度不再受理申报。

第十二条　对通过示范园区评审的申报单位，评审结果在工业和信息化部、应急管理部网站及国家安全产业大数据平台公示 7 天。符合要求的，工业和信息化部和应急管理部联合命名为"国家安全产业示范园区"。

第十三条　对于通过示范园区创建单位评审的申报单位，以及对于未通过示范园区评审但已达到创建条件的申报单位，评审结果在工业和信息化部、应急管理部网站及国家安全产业大数据平台公示 7 天。符合要求的，工业和信息化部、应急管理部联合命名为"国家安全产业示范园区创建单位"。

第四章　示范园区和创建单位管理

第十四条　创建单位应遵循培育和发展相结合的原则，达到示范园区条件后，按照第九条规定进行申报。

第十五条　每年 3 月底前，命名的示范园区（含创建）应将上一年度工作总结和本年度工作计划上报至所在省级工业和信息化主管部门与应急管理部门，并由省级部门核实汇总后分别报工业和信息化部、应急管理部。

第十六条　工业和信息化部、应急管理部每 3 年委托专家或第三方机构对示范园区（含创建）建设情况进行评估。评估办法另行制定。

第十七条　示范园区（含创建）名录、年度发展情况和定期评估结果将在工业和信息化部、应急管理部网站和国家安全产业大数据平台上公布。

第十八条　示范园区（含创建）未按规定上报年度工作总结和计划的，工业和信息化部和应急管理部可要求其限期提交；仍不提交的，可撤销其命名。

第十九条　评估结果不合格的，评估单位可提出限期整改要求。未落实整改措施或经整改仍不符合要求的，工业和信息化部和应急管理部撤销其命名。

第二十条　对上报资料弄虚作假的示范园区（含创建），工业和信息化部、应急管理部给予警示，并责其限期改正；情节严重的，撤销其命名，并暂停其所在省份下一年度的申报工作。

第二十一条　示范园区（含创建）所提供的安全产品和服务或企业行为对社会造成重大不良影响的，工业和信息化部、应急管理部给予警示，造成严重后果的，撤销其命名。

第二十二条　示范园区（含创建）近三年发生两次及以上一般生产安全事故的，或发生较大及以上生产安全事故的，撤销其命名。

第二十三条　工业和信息化部、应急管理部对示范园区（含创建）建设和发展予以支持。根据实际情况组织制定相关政策，在产学研合作、技术推广、应用示范、标准制定、项目支持、资金引导、交流合作等方面给予重点指导和支持，加快引导产业集聚，推动产业升级，并适时将其纳入安全生产保障支撑体系支持范围。

第二十四条　对安全产业发展迅速、经济效益突出、社会效益显著的示范园区，支持其申报安全产业类国家新型工业化产业示范基地。

第五章　附则

第二十五条　本指南由工业和信息化部、应急管理部负责解释。

第二十六条　本指南自发布之日起施行。

附录 C

《中国安全产业发展白皮书》
（摘要）

　　2017 年，党的十九大报告中提出"树立安全发展理念，弘扬生命至上、安全第一的思想，健全公共安全体系，完善安全生产责任制，坚决遏制重特大安全事故，提升防灾减灾救灾能力"。随着落实《中共中央国务院关于推进安全生产领域改革发展的意见》的工作展开，2018 年 6 月，工信部等四部委联合发布了《关于加快安全产业发展的指导意见》，安全产业发展进入了一个新的阶段。随后，工信部和应急管理部联合出台了《国家安全产业示范园区创建指南（试行）》，中国安全产业大会在广东佛山成功举办，安全产业影响力扩大，我国安全产业发展掀起了一个新的热潮。

　　我国经济社会发展迅速，也带动了安全产业快速发展。我国安全产业保障重点正在由生产安全向公共安全转化，防范方式也正在从被动防护向主动预防转变。在此背景下，赛迪研究院安全产业所通过梳理和研究国内外安全产业发展现状、重大政策、发展趋势，并提出相应的对策建议，完成了国内首部《中国安全产业发展白皮书》。

　　《中国安全产业发展白皮书》对国内外安全产业发展状况和特点进行了全面分析，并在产业情况剖析的基础上，对我国安全产业整体运行、重点行业特点、重点区域发展、特色园区发展和重点企业近况等内容进行了全面阐述和展望。全书分为全球安全产业发展状况、我国安全产业发展状况、重点领域发展状况、发展政策分析、发展趋势和对策建议共 6 个部分。

后 记

赛迪智库安全产业研究所（原工业安全生产研究所）作为国内首家专业研究安全产业发展的咨询机构，本所不仅自2014年起连续编写并出版了中国安全产业发展蓝皮书，而且在 2018 年还发布了《中国安全产业发展白皮书（2018年度）》。当前，在工业和信息化部、应急管理部等部门的支持下，中国安全产业协会的大力帮助下，现在又继续编写了《2018—2019 年中国安全产业发展蓝皮书》。

本书由刘文强担任主编，高宏任副主编。高宏、刘文婷、于萍、陈楠、李泯泯、程明睿、黄玉垚、黄鑫等共同参加了本书的编写工作。其中，综合篇由黄玉垚、刘文婷编写，他们分别编写第一章和第二章；行业篇由于萍、李泯泯、程明睿、黄玉垚、黄鑫负责编写，程明睿编写第三章和第六章，黄玉垚编写第四章，于萍编写第五章，黄鑫编写第六章、李泯泯编写第七章和第九章；区域篇分别由刘文婷编写第十章，于萍编写第十一章，李泯泯编写第十二章；园区篇由黄玉垚编写第十三章，陈楠编写第十四章，刘文婷编写第十五章，黄鑫编写第十六章，李泯泯编写第十七章；企业篇由陈楠等负责编写和整理，其中陈楠负责第十八章至第二十三章的编写，李卫民负责第二十五章的编写；政策篇由于萍编写第二十九章，第三十章由程明睿、黄玉垚、刘文婷编写；热点篇分别由黄鑫编写第三十一章，黄玉垚编写第三十二章，程明睿编写第三十三章，于萍编写第三十四章；展望篇由黄鑫编写第三十五章，高宏编写第三十六章。高宏、于萍、陈楠等负责对全书进行统稿、修改完善和校对工作。在此过程中，工业和信息化部安全生产司、应急管理部规划财务司、科技信息司和中国安全产业协会的有关领导与专家、安全产业相关企业都为本书的编撰提供了大量帮助，并提出了宝贵的修改意见。本书还得到了安全产业许多专家的大力支持，在此一并表示感谢！

由于编写时间紧迫，编者水平有限，本书中不免有许多不足之处，希望广大读者给予批评指正，以便我们在今后的研究工作中不断提高。

赛迪智库安全产业研究所

赛迪智库

面向政府 服务决策

思想，还是思想
才使我们与众不同

《赛迪专报》 《安全产业研究》 《产业政策研究》

《赛迪前瞻》 《工业经济研究》 《军民结合研究》

《赛迪智库·案例》 《财经研究》 《工业和信息化研究》

《赛迪智库·数据》 《信息化与软件产业研究》 《科技与标准研究》

《赛迪智库·软科学》 《电子信息研究》 《无线电管理研究》

《赛迪译丛》 《网络安全研究》 《节能与环保研究》

《工业新词话》 《材料工业研究》 《世界工业研究》

《政策法规研究》 《消费品工业"三品"战略专刊》 《中小企业研究》

《集成电路研究》

通信地址：北京市海淀区万寿路27号院8号楼12层
邮政编码：100846
联 系 人：王 乐
联系电话：010—68200552 13701083941
传　　真：010—68209616
网　　址：www.ccidwise.com
电子邮件：wangle@ccidgroup.com

赛迪智库
面向政府　服务决策

研究，还是研究
才使我们见微知著

规划研究所	知识产权研究所	安全产业研究所
工业经济研究所	世界工业研究所	网络安全研究所
电子信息研究所	无线电管理研究所	中小企业研究所
集成电路研究所	信息化与软件产业研究所	节能与环保研究所
产业政策研究所	军民融合研究所	材料工业研究所
科技与标准研究所	政策法规研究所	消费品工业研究所

通信地址：北京市海淀区万寿路27号院8号楼12层
邮政编码：100846
联 系 人：王　乐
联系电话：010—68200552　13701083941
传　　真：010—68209616
网　　址：www.ccidwise.com
电子邮件：wangle@ccidgroup.com